静岡県の巨樹・名木

静岡新聞社

はじめに

わたしたちの身近には一本や二本、心にとめるような樹が必ずある。思い出の樹、地域のシンボル、神社の御神木、樹齢・樹形・伝説にまつわる天然記念物の樹など。しかし、あまりに身近なものだけに無関心にもなりがちだ。また近年、かけがえのない樹が姿を消していく例も多い。そこで、今回改めて静岡県内の巨樹・名木を訪ね観ることにした。

環境庁(現環境省)が昭和六十三年度(一九八八)に実施した全国の巨樹、巨木林調査によると、静岡県は茨城、新潟県に次いで三番目に多いことが明らかになった。調査データから県内巨樹ベスト一〇〇も浮かび上がった。いったい、どこの何の樹が巨樹ランクに挙がっているのか、これまた関心をそそる。

本書では大きく二つの観点から取材をした。

①巨樹ベスト一〇〇内にある巨樹・巨木

②国・県・市町村の天然記念物に指定されている有名木

巨樹ランクの上位にあるものの多くは天然記念物の指定を受けているが、小さな樹でも姿や形、花、希少種、そして古くから信仰や伝説にまつわるロマンを秘めた樹などもある。

二〇〇〇年の節目に、できる限り静岡県内の巨樹・名木の最新状況をと写真取材に駆け回った。読者の方々に多少なりともお役に立てれば幸いである。

本書を読むにあたって

巨樹とは…

元環境庁の全国調査時の基準が唯一よりどころになっている。これによると、①胸高（地上一・三m）での幹周囲が三〇〇cm以上②株立ちのものは各幹周囲の合計が三〇〇cm以上で最大の幹の周囲が二〇〇cm以上、のものを巨樹という。

測り方（図参照）

〈幹周〉・地上から一三〇cmの位置で幹周をcmの単位で測る。

・斜面に生育している場合は山側の地上から一三〇cmの位置で測る。

・地上一三〇cmの位置において幹が複数に分かれている場合は、個々の幹を測りそれらを合計する。

〈樹高〉・根元から樹の先端までの高さをmで表す。

・傾斜地の場合は幹周と同様。

データの見方について

①巨樹ランク　静岡県内巨樹ベスト一〇〇の順位を示す

②指定　天然記念物の指定の有無（国、県、市町村の区別）、指定年月

③樹種　樹の種別（和名）

④樹齢　県や市町村、寺社の資料に基づく

⑤幹周　⑥樹高　環境庁全国調査データによる。天然記念物については指定時の数値

天然記念物は指定時のデータが広く公表されていて、最近の数値と異なるものが多いが、混乱を避けるため指定時の数値表記を原則とした。ただし、巨樹ランクがベスト一〇〇内にあるものは環境庁全国調査データをカッコ内に併記した。

▽参考資料＝・「静岡県天然記念物一覧」・一九九一年環境庁編「日本の巨樹・巨木林」

平地

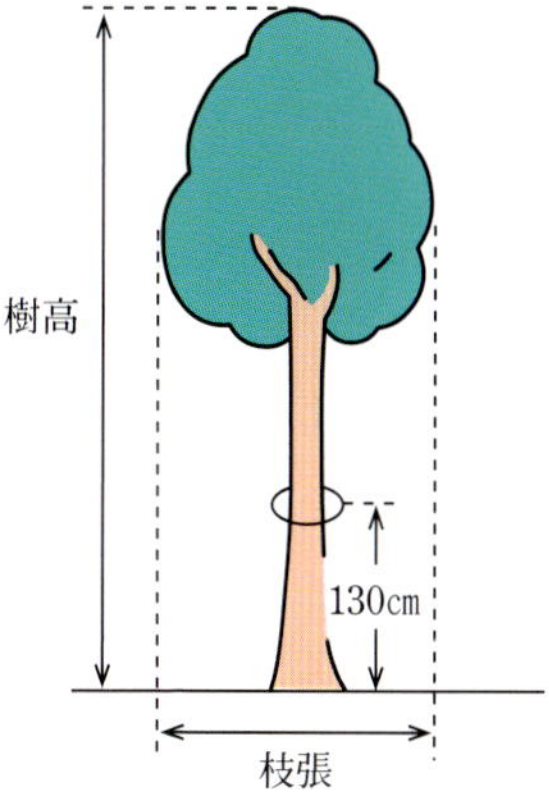

斜面

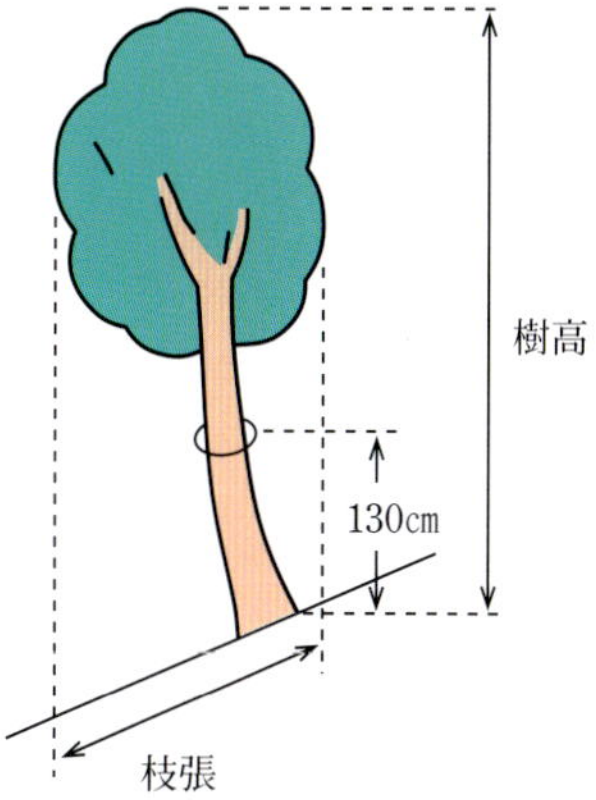

株立

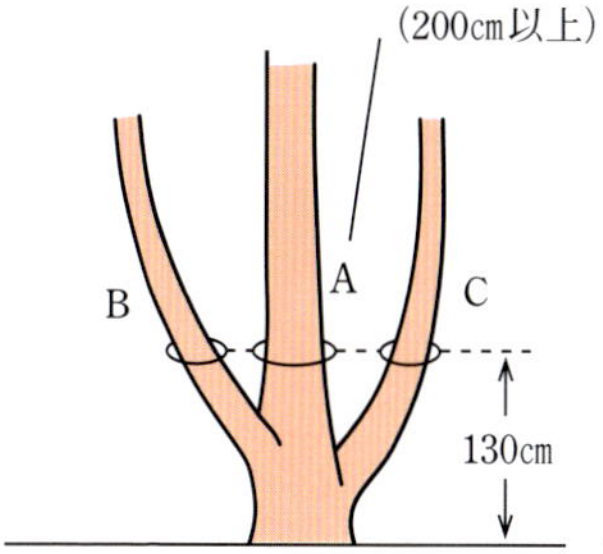

A＋B＋C≧300cm

根上がり

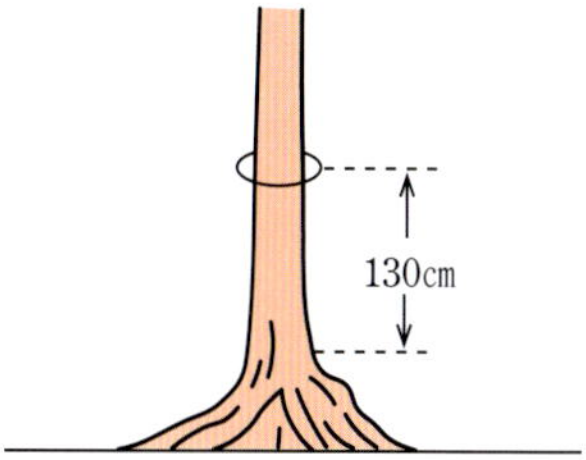

目次（静岡県の巨樹・名木）

中部地区

西部地区

表紙の写真は阿豆佐和気神社（熱海市）の大クス、表紙裏は安田（金谷町）の大シイ

伊豆地区

阿豆佐和気神社（来宮神社）の大クス

所在地
熱海市西山町四三一一
（来宮神社）

・巨樹ランク　１位
・国指定　昭和８年２月
・樹種　クス
・樹齢　推定2000年
・幹周　12.5m、8.5m
　　　　(23.9m)
・樹高　26m (20m)
・交通　JR伊東線来の宮駅
　　　　から徒歩３分

熱海・来宮神社は、昔は阿豆佐《あずさ》和気《わけ》神社と呼んだ。ここの大クスは静岡県の王者のみならず、全国の巨木第2位という威厳に満ちた大樹だ。近くで見ると、まるで岩山のよう。根元近くから幹は大きく二つに分かれ、左方は台風被害に遭い残念ながら地上数メートルの所で幹は断たれているが、右方は今なお樹勢旺盛で、枝葉を高く広げている。

２０００年の風雪に耐えた大クスも約１５０年ほど前、人の手にかかる危機があった。当時、社の杜には7本の大クスがあったというが、この地域挙げての大事件の訴訟費捻出のため5本が伐られ、現在残るこのクスにも大鋸が入ろうとした。その時、村人が〝神のお諭し〟に出合い、伐ることをやめ難を免れたと伝

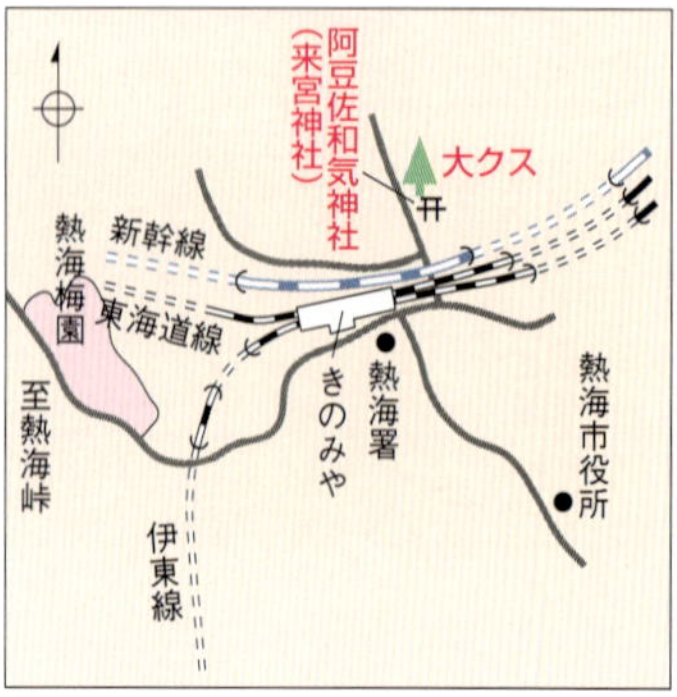

わる。
御神木のこの幹をひと回りすると「1年寿命が延びる」ともいわれ、あやかろうとする参拝者も多い。

来宮神社

葛見神社の大クス

所在地
伊東市馬場一—一六
（葛見神社）

- ・巨樹ランク　2位
- ・国指定　昭和8年2月
- ・樹種　クス
- ・樹齢　推定1000年
- ・幹周　15.0m（15.0m）
- ・樹高　25m
- ・交通　JR伊東駅から徒歩20分

ＪＲ伊東駅の南東、国道135号をまたいで伊東市役所にも近いところに葛見《くずみ》神社は静かにたたずむ。車の場合は大川寄りから回り込んだ方が分かりやすい。徒歩の場合も駅から「まつかわ遊歩道」づたいに来るとアプローチが楽しめる。

社殿左手に国指定の巨樹は腰を据えている。巨樹ランク2位。見るからに年代を感じさせる老クスである。下部は大きな空洞になっているが、その昔、石橋山の戦いに敗れた源頼朝がこの木の洞に身を隠し追っ手から逃れたという伝説がある。

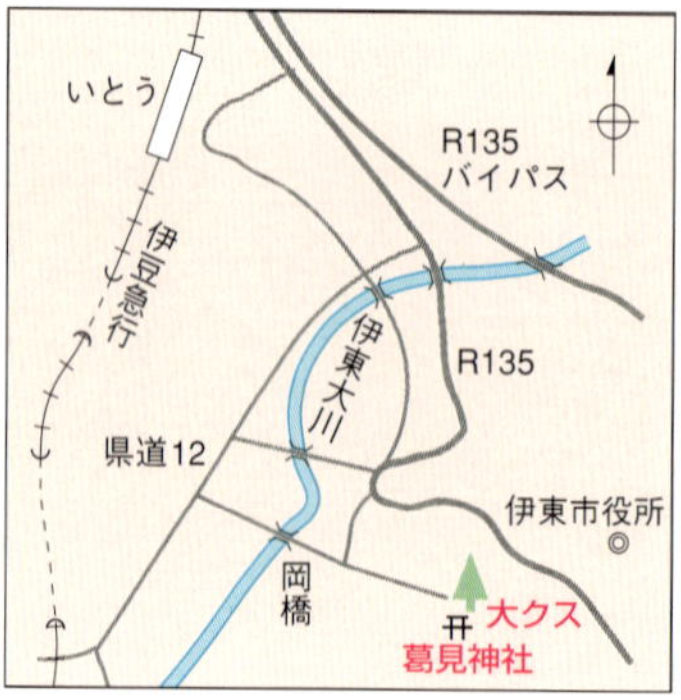

地上数メートルの所から太い幹が三方に伸びている。その幹も鉄製の支柱に支えられて痛々しい感じがする。

蓮着寺のヤマモモ

所在地

伊東市富戸八三五（蓮着寺）

・巨樹ランク　48位
・国指定　平成11年1月
・樹種　ヤマモモ
・樹齢　推定1000年
・幹周　4.2m（8.6m）
・樹高　15m
・交通　伊豆急伊豆高原駅からバス10分

城ケ崎海岸の伊豆海洋公園近くに日蓮ゆかりの蓮着寺《れんちゃくじ》がある。

鎌倉時代に幕府の怒りに触れた日蓮はこの地に流され、俎岩《まないたいわ》に放棄された。そこを川奈の漁師の船守弥三郎に助けられた。俎岩は境内左手の遊歩道を進むと出合える。

ヤマモモの巨木は石段を上がった本堂の前にそびえ立つ。国の天然記念物指定は最近になってから。根元近くから太い幹が数本に分かれ、枝葉は四方20m前後にまで広がり、まるで一本の樹で小さな森のように見える。

ヤマモモはヤマモモ科に属する常緑高木で暖地の海岸近くに自生する。城ケ崎一帯は昔からヤマモモの群生地として有名だ。雌雄異株で果実は食用になり、樹皮は染料にもなる。この樹は

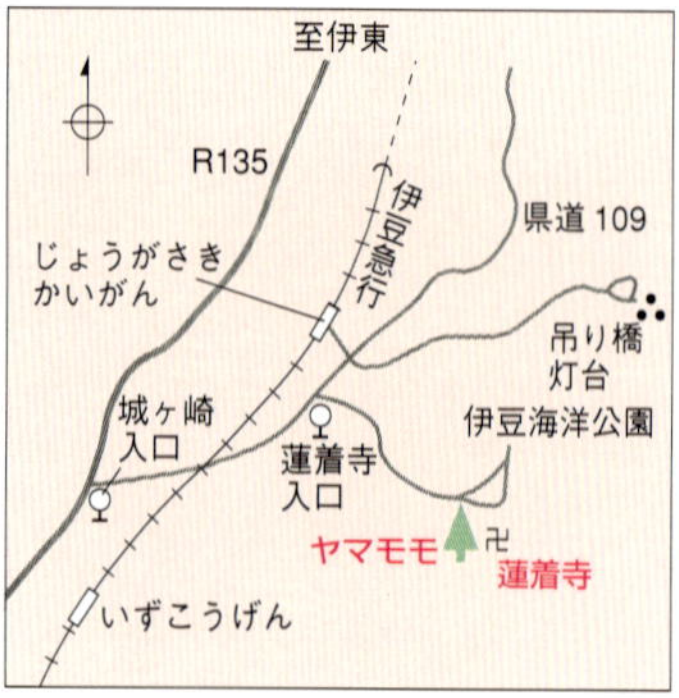

雌木である。

遊歩道途中では「石食いのモチノキ」という珍しい樹を見ることもできる。

石食いのモチノキ

シラヌタの大スギ

所在地
賀茂郡東伊豆町不知沼（奈良本国有林）

- ・巨樹ランク　49位
- ・町指定　昭和56年３月
- ・樹種　スギ
- ・樹齢　推定1000年
- ・幹周　９m（8.6m）
- ・樹高　45m（38m）
- ・交通　伊豆急片瀬白田駅から約10km

国道１３５号を伊豆急片瀬白田駅近くから天城ハイランドに向けて駆け上がる。比較的道が分かり難いので注意し、白田川右岸から発電所堰口の橋を渡り急坂を上がる。ハイランド事務所を過ぎ、林道を進むと不知沼《しらぬた》の池入り口。さらに３００ｍほど行くと右手が「シラヌタの大スギ」の入り口。なだらかな道を10分ほどで、天城万二郎、万三郎岳の南面にあたる標高７００ｍの国有林の中で大スギに出合う。

町指定ながら、樹は天城山はもとより伊豆半島第一級の老巨木といわれることだけあって、数条の縦じわが走る風格ある幹に力強く四方に張る枝。その姿は一見の価値ありだ。

帰りには不知沼の池にぜひ立ち寄りたい。林道入り口から整備された散策路を15分ほど。原生林に囲まれた周囲２００ｍばかりの神秘的な池。５月中旬にはモリアオガエルの産卵が見られる。

杉桙別命神社（来宮神社）の大クス

所在地
賀茂郡河津町田中一五二（来宮神社）

- ・巨樹ランク　3位
- ・国指定 昭和11年12月
- ・樹種 クス
- ・樹齢 推定2000年
- ・幹周 14.0m（15.0m）
- ・樹高 24.0m
- ・交通 伊豆急河津駅から徒歩10分

伊豆急河津駅を北へ約1km、「かわづ花菖蒲園」隣にこんもりと鎮守の森。杉桙別命《すぎほこわけのみこと》神社、通称「来宮神社」がここにある。

この社殿左奥に県内巨樹ベスト3の大クスは勢いよく天空に若々しい枝葉を広げる。樹齢2000年といわれる幹本体にも傷みはほとんど見受けられず樹形もよい。

江戸時代より「河津郷《かわづごう》七抱七《ななかかえなな》楠《くす》」と呼ばれ7本の大クスがあったといわれるが、この1本を除いてすべて伐採された。河津の歴史を見据えてきた「生き証人」でもある。

この神社の氏子には「鳥精進・酒精進」の風習があり、12月18日から23日まで鳥肉や卵を食べず酒を断つ。祭神杉桙別命が酔って野原に寝ていたとき、野火に囲まれ命を落とすところを鳥たちに助けられたという伝説による。

新町の大ソテツ

所在地

賀茂郡河津町峰四六五

- ・国指定　昭和11年9月
- ・樹種　ソテツ
- ・樹齢　推定1000年
- ・幹周　2.5ｍ
- ・樹高　8ｍ
- ・交通　伊豆急河津駅から約2㎞

伊豆急河津駅から河津川沿いに約2㎞、「踊り子温泉会館」入り口の正木家の庭にこの大ソテツを見ることができる。正木家は徳川家康の側室お万の方の実家にあたる。

国指定の大ソテツは根元より数本の大支幹に分かれ、主幹を中心に東西南北に大蛇が這うように枝を伸ばし、さらに数十本の小枝で株を形成している。八《や》岐大蛇《またのおろち》を連想せずにはいられない。

ソテツ（蘇鉄）の名称は鉄によって蘇《よみがえ》る意味があり、衰弱して枯れそうになったとき鉄くずを与えたり釘をさすと元気を取り戻すといわれていることからとか。

すぐ裏の河津川の堤

には、地元誕生の桜・河津桜が2月になると濃いピンクの花をつけ、菜の花に縁どられて一足早い春を告げる。

河津桜と菜の花

白浜神社のビャクシン

所在地

下田市白浜二七四一―四（伊古奈比咩命神社）

- ・県指定　昭和44年5月
- ・樹種　イブキ
- ・樹齢　推定2000年
- ・幹周　6.1m
- ・樹高　15.0m
- ・交通　伊豆急下田駅から約5㎞。バスあり

伊豆急下田駅から国道135号を稲取方向へ約5㎞ほど、白浜海岸地先の国道沿いに朱塗りの橋と鳥居が目にとまる。

白浜神社（伊古奈比咩命神社《いこなひめのみことじんじゃ》）は伊豆最古の宮ともいわれ2000年以上の歴史をもつ。鳥居をくぐった所にビャクシンの老樹が迎えてくれる。御神木のこの樹には太いしめ縄が巻かれ、樹齢2000年の延命長寿から「1度なでれば寿命が1年延びる」と樹をなでる参拝者が多い。

白浜神社

広い境内には大小100本以上のビャクシンが群生し、樹林そのものが指定の対象となっている。なお、社叢《しゃそう》にはアオギリが自生しており、植物分布の北限地にあたることから、学術的価値が認められて国の指定をうけている。

推定樹齢二千年
延命長寿の御神木
長寿の御神木
さわれば寿命の延びる木

八幡神社のイスノキ

所在地　下田市吉佐美一七二二―一（八幡神社）

・国指定　昭和16年2月
・樹種　イスノキ
・樹齢　不詳
・幹周　3.5m
・樹高　15.0m
・交通　伊豆急下田駅から約4㎞

伊豆急下田駅から国道136号を西へ約4㎞、吉佐美の三差路を田牛《とうじ》海岸方向に入ってすぐ、大きくカーブした先が八幡神社。

社殿右裏手に国指定のこの樹はある。あまり目立った樹ではないが、伊豆地方では数少なく分布の北限にあたる。

イスノキはマンサク科の暖地性常緑高木で葉芽に虫えい（虫こぶ）ができることで知られる。モンゼンアブラムシが葉芽に寄生すると異常な発育をして長さ6～8㎝もある袋状の虫えいができる。樹下にころがっているのは果実ではなく虫えい。割ってみると中は空っぽでアブラムシがはい出した穴があいている。この特異な性質から「ちゃっからぽっから」とも「ヒョンノキ」とも呼ばれたとか。

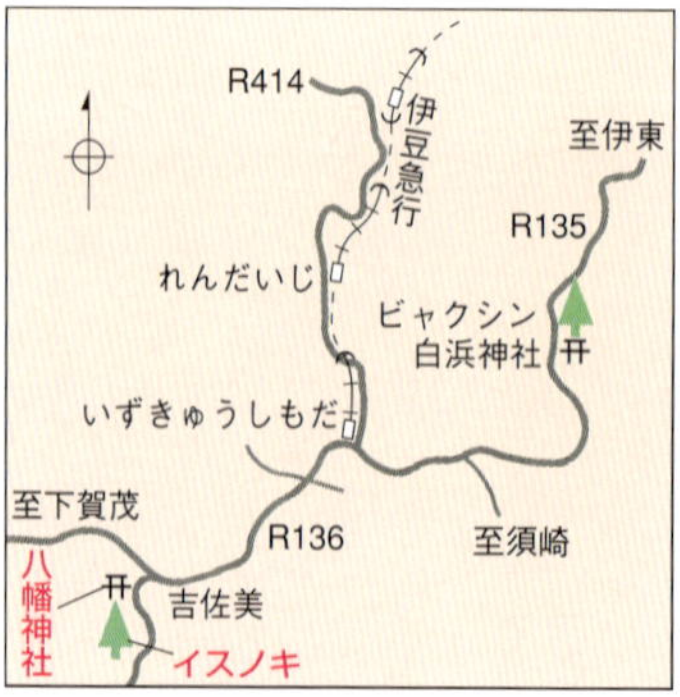

三島神社の夫婦クス

所在地
賀茂郡南伊豆町加納（三島神社）

・巨樹ランク　59位
・樹種　クス
・樹齢　推定1000年
・幹周　8.1m
・樹高　30m
・交通　下田から国道136で約12km

下田から国道136号を下賀茂温泉を目指すと、最近開通したバイパスに出る。バイパス終点の消防署の三差路を右折し旧道を北に少し行くと「前原橋」。そこを渡らず直進した先が三島神社。

神社は慶長2年（1592）に再建されたが、創建は平安時代初期ともいわれ、祭神は女神。境内上がり口に2本の大クス。2本とはいえ根元はしっかり1つにつながっている。幼木が生長の過程で結合したもので推定樹齢1000年。この自然の妙が寄り添い、むつまじい夫婦を象徴し、御神木として崇められてきた。

この辺りの青野川両岸は2月から3月にかけて一足早い春が満喫できる。早咲きの桜や菜の花が、堤を飾り、ピンクとイエロ

ーのやわらかな色彩が心をくすぐる。川辺には、湯けむりが上がり、町営「銀の湯会館」で日帰り温泉の旅が楽しめる。

白鳥神社のビャクシン

所在地

賀茂郡南伊豆町妻良竹の内一三五九(白鳥神社)

・県指定　昭和42年10月
・樹種　イブキ
・樹齢　推定800年
・幹周　4.0m
・樹高　10.0m
・交通　下田から約23㎞

国道136号立岩地区妻良トンネルの南出口すぐ先に吉田に入る道がある。ここから約3㎞ほど細い道を下ると小さな集落と吉田浜に出る。きれいな入り江が広がり、浜から100mほどのところの森が白鳥神社だ。航海安全と安産祈願で知られる神社。

神社入り口にある左の石垣の上に枝をからませるようにして踏ん張るビャクシン樹。南国南伊豆とはいえ、冬の西風は厳しい。この樹形はその自然と闘ってきた姿だ。境内にも何本かの樹が点在する。神社の周辺や集落のいたるところにアロエが植栽されていて、12月から1月には赤いトンガリ帽子の花をつける。

この辺りは南伊豆遊歩道のコースにあたり、

入間～吉田～妻良が整備されている。

松崎伊那下神社のイチョウ

所在地

賀茂郡松崎町松崎二八（伊那下神社）

- ・巨樹ランク　64位
- ・県指定　昭和13年10月
- ・樹種　イチョウ
- ・樹齢　推定1000年
- ・幹周　7.0m（8.0m）
- ・樹高　20.0m（22m）
- ・交通　修善寺から船原経由約50㎞。沼津港から高速船で1時間25分

松崎の中心部を流れる那賀川の河口に近い国道136号沿い、「伊豆の長八美術館」の北隣が伊《い》那下《なしも》神社。産業と航海を守護する二神を祭神とした平安時代からの古い神社。

境内には3本のイチョウの樹があり、中央の大イチョウが県指定で樹齢約1000年。右手の樹を「眼鏡イチョウ」、左手のやや若い樹を「子イチョウ」と呼び、古くから親子イチョウで親しまれてきた。同一地内に雌雄株と子株が一緒に生育している神社も珍しい。中央の大イチョウは太いしめ縄をまわし大横綱の風貌、樹の傍には長寿にあやかろうと、たくさんのおみくじが白い花を咲かせていた。

晩秋になると3株がそろって黄金色に葉を染め、境内はクシ形の落ち葉で敷き詰められる。古くは沖行く船はもちろん、遠

く三保や久能からも確認できたほどだという。
眼鏡イチョウのある石囲いの下には神明水がこんこんと湧き出て、この天然水を汲みに通う人も多い。

永明寺のイチョウ

所在地　賀茂郡賀茂村宇久須一三二四（永明寺）

・県指定　昭和43年7月
・樹種　イチョウ
・樹齢　推定550年
・幹周　5.2m
・樹高　25.5m
・交通　土肥から約11㎞

国道136号を土肥方向から南進し、恋人岬を過ぎるとトンネルが続き、下り切って平坦路になると宇久須地区。間もなく「仁科峠（西天城高原）」方面の案内標識が目にとまる。案内に従い左折、県道を約1.5㎞進むと、道路右100mほどの所に臨済宗の永明寺《ようめいじ》がある。

境内はこのイチョウ1本が独り占め。開山泰嶽文義禅師が手植えされたものといわれ、樹齢520年（指定時）。気根が何本も垂れ下がり、長いものは2m以上に達している。

明治の頃、強風による危険と農地が日陰になることを考慮、地上18m位のところで切断し、その樹で碁盤を14面作ったとか。そのうちの1面は今も寺に残っている。

県道を仁科峠に向かうと峠手前に西天城高原の牧草地が広がり、峠付近の眺望も抜群。さらに北の船原峠方向へは、全国植樹祭を機に開通した快適な尾根筋のドライブウエーを走ることができる。

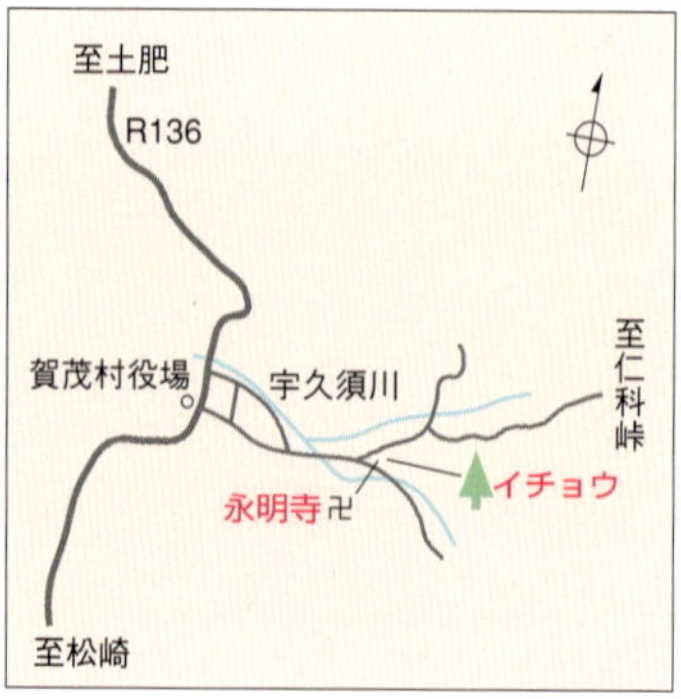

安楽寺のクス

所在地
田方郡土肥町土肥　七〇九（安楽寺）

・巨樹ランク　83位
・県指定　昭和55年11月
・樹種　クス
・樹齢　推定1000年
・幹周　7.4m（7.5m）
・樹高　25.0m
・交通　修善寺から約２６㎞（船原トンネル経由）

土肥町役場の裏手に位置し、「まぶ湯」で知られる安楽《あんらく》寺。その山門わきに悠然と大きな枝を広げるクス。幹も枝葉も衰えを未だ知らない。寺の言い伝えから樹齢は約１０００年、土肥の歴史を永く見据えてきた。

境内に入って右手、岩屋の中に土肥温泉発祥の湯「まぶ湯」がある。金鉱から湧き出したことから「鉱の湯」とか「こがね湯」とも呼ばれる。岩窟の奥に祀られた奥の院夫婦神社は子授け、湯ぶねの傍らにある湯かけ地蔵は病気平癒に霊験あらたかとか。この中は有料。

安楽寺の東側１００ｍほどにある土肥神社には、無指定だが巨樹ランク45位の平安の大クス（幹周8.7ｍ、樹高10ｍ）がある。１０００年以上の風雪に耐え、幹の痛みはほとんどなく樹勢も旺盛。根元近くから、太い幹が分かれ、樹高がそれほどない分、一層

土肥神社の平安の大クス

力強さを感じさせる。

安楽寺のクス

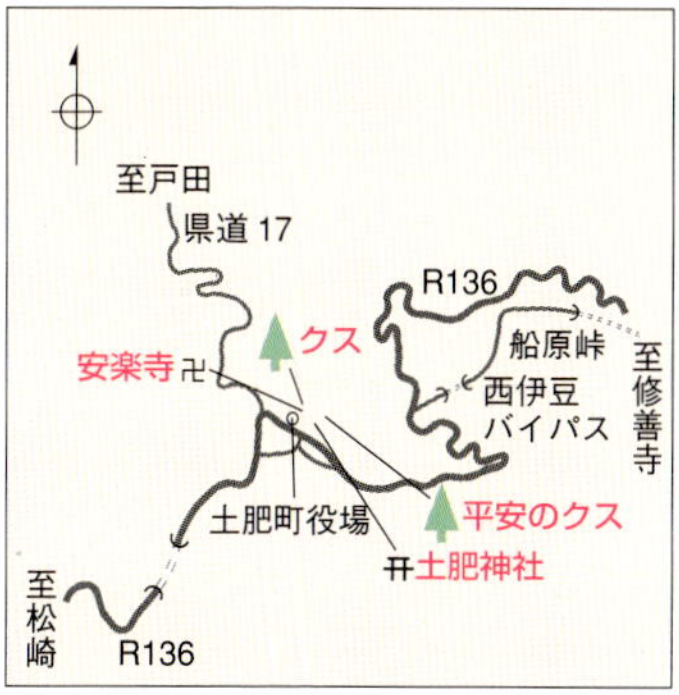

まぶ湯

天城の太郎スギ

所在地

田方郡天城湯ケ島町（国有林）

- ・巨樹ランク　24位
- ・県指定　昭和39年10月
- ・樹種　スギ
- ・樹齢　推定400年
- ・幹周　9.6m
- ・樹高　40.0m（48m）
- ・交通　修善寺から約19km。バスの便あり

国道414号の道の駅「天城越え」（昭和の森会館）から滑沢《なめさわ》渓谷へは遊歩道がつながる。車で入る場合は、天城トンネル方向へ1kmほど行くと右側に滑沢渓谷入り口がある。ここから林道を1.6kmほど入ると太郎杉園地で四阿《あずまや》やトイレ施設がある。

車は置いて、滑沢渓谷沿いの「太郎杉歩道」（1.3km）は歩いて訪れたい。安山岩の造る渓谷美と澄んだ空気が満喫できる。

園地から見上げるような斜面の上に天を衝くようにそびえ立つ太郎スギ。天城山中で一番大きなスギ。巨樹ランク24位で樹齢400年と他の巨樹に比べると年数は比較的若い。それだけに勢いを強烈に感じる。その雄姿は「太郎」の名にぴったり。

太郎杉の木肌

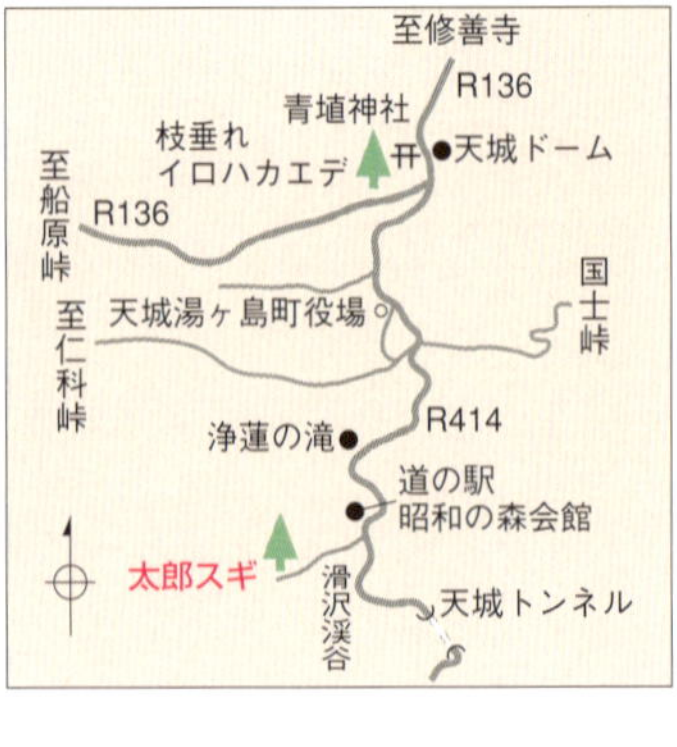

青埴神社の枝垂れイロハカエデ

所在地
田方郡天城湯ケ島町青羽根字栗原岩下一三八

・県指定　昭和58年9月
・樹種　カエデ
・樹齢　推定180年
・幹周　1.9m
・樹高　4.5m
・交通　伊豆箱根鉄道修善寺駅からバス15分、青羽根支所下車

国道136号沿いで天城ドームの道路を隔てた向かい側、JA伊豆の国支所横の鳥居の坂道を50mほど上がると青埴《あおはに》神社がある。

社殿に上がる石段右の5mほどの石垣の上から懸崖風に地上すれすれまで8m近い枝を垂れるイロハカエデ。歌舞伎の連獅子に出てくる紅獅子のよう。推定樹齢180年の古木。

この枝垂れイロハカエデはカエデ科に属する落葉高木でカエデ、モミジ、イロハモミジ、タカオモミジとも呼ばれ、枝が垂れる品種。地元の人は、紅葉もさることながら新緑のころが格別という。

益山寺の大モミジ

所在地　田方郡修善寺町堀切字坂上七六〇（益山寺）

・県指定　昭和30年2月
・樹種　モミジ
・樹齢　推定800年
・幹周　4.0m
・樹高　27m
・交通　狩野川記念公園から約10km

益山寺《ましやまでら》は、城山《じょうやま》〜葛城山〜発端丈山のハイキングコースに近く、ハイキングがてら訪れる人も多い。

車で行く場合は、国道１３６号狩野川大橋を過ぎ記念公園の信号を折れて、葛城山の南裾を山田地区へと進む。集落の先を入ると参道入り口に広い駐車場がある。ここより急な参道を石仏に慰められながら15分で益山寺にたどり着く。

標高３００ｍの益山の上にある真言宗高野山の末寺で空海の創建という。

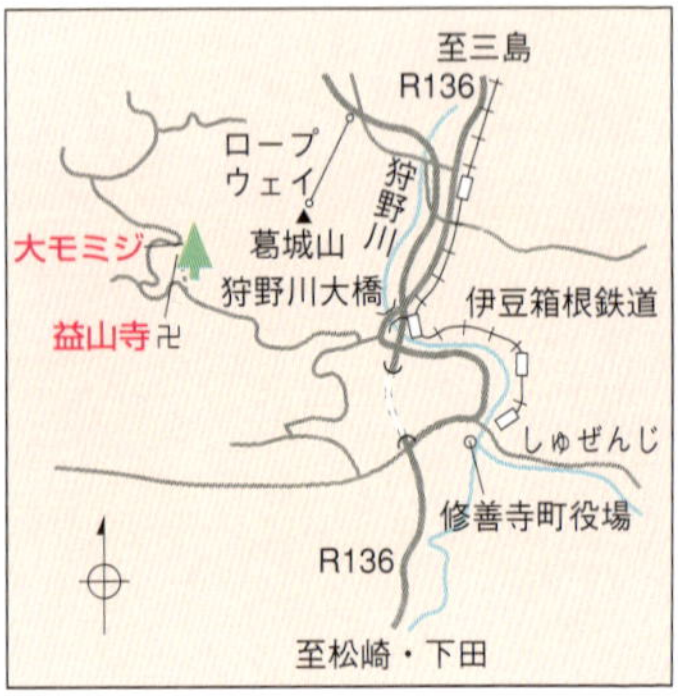

今、本堂は改築中だが、この真ん前に百体近い石仏群に見守られてモミジとイチョウの大樹が並び立つ。イチョウは町指定の天然記念物。

モミジの主幹はコブ状に盛り上がり波打って、とてもモミジとは思えな

い。天然記念物では唯一、県内最大のモミジだ。12月初旬、遅いイチョウの黄葉とモミジの紅葉が境内を彩る。

天地神社のクス

所在地　田方郡函南町平井一一二四（天地神社）

・巨樹ランク　４位
・国指定　昭和14年９月
・樹種　クス
・樹齢　推定800年
・幹周　13.2m（13.5m）
・樹高　51.5m（30m）
・交通　JR函南駅から約２㎞

ＪＲ函南駅の南約２㎞、県道三差路すぐ近くの平井公民館奥に天地《てんち》神社がある。この境内中央にひときわ高く、悠然と四方に枝を広げる大クスの樹。国指定、巨樹ベスト4という堂々たるもの。主幹は著しく肥大し巨大で、これが高い枝をつくり、支えになっている。推定樹齢８００年というが樹皮には艶《つや》があり、まだまだ若さが感じられる。

オガタマノキ

境内にはオガタマノキの大木が数本ある。招霊《おきたま》の変化した名のとおり神事と関わりの深い樹。

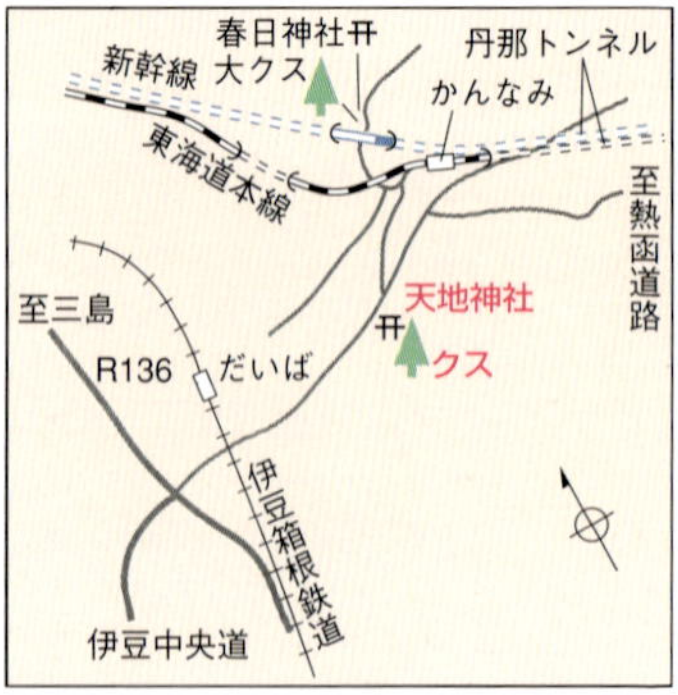

クスノキ

春日神社の大クス

所在地

田方郡函南町大竹三八(春日神社)

- ・巨樹ランク　37位
- ・県指定　昭和29年1月
- ・樹種　クス
- ・樹齢　推定850年
- ・幹周　8.8m(9.1m)
- ・樹高　22.0m(15m)
- ・交通　JR函南駅から約2km

JR函南駅の北西、直線距離では1kmとはないが、東海道線を西に迂回するようにして線路下のトンネルをくぐり、新幹線のガードを抜けたすぐの左わきに大クスはある。神社は20m先。

春日神社

この樹の特徴は人工栽培されるエノキダケのような形をして、太い主幹の上部から直接無数の枝を伸ばしていること。

昔はかなりの樹高を保っていたと思われるが火災や新幹線工事で大枝がはらわれ、いまの姿に変わった。斜面にあって、道路側から見ると、根元部分が一段とデフォルメされ巨大に感じる。自然や開発の痛手にもくじけず、たくましく生長するクスの生命力に脱帽。

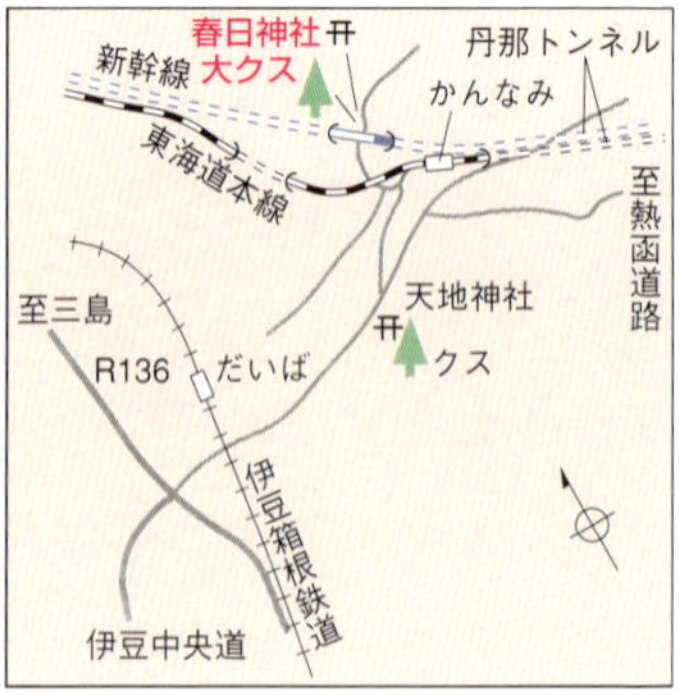

函南原生林のブナ

- ・樹種　ブナ
- ・樹齢　推定700年
- ・幹周　6.4m
- ・樹高　24.0m
- ・交通　JR熱海駅からバス（十国峠経由元箱根行き・原生林入口または富士箱根ランド下車）。マイカーではJR函南駅から約8㎞

所在地

田方郡函南町桑原（禁伐林）

函南原生林は箱根外輪山のひとつ鞍掛山の南西斜面に広がる220ヘクタール余の森林。アカガシ、ブナ、ヒメシャラなどの巨木を観察することができる。

とりわけ有名なのが巨大ブナ。無指定、巨樹ランク外とはいえ、ブナでは全国最大級。幹は無数のコブで連なる太い筋が何本もはしり、その表面を苔が覆う。近くに寄ると不気味さを感じる。

この巨樹も最近衰えを隠しきれない。高い枝は折れ、根元の腐食も進行している。老樹はやがて土にかえり、新たな芽がふたたび森を引き継ぐ。原生林がいつまでも人間と共生し続けることを願う。

東部地区

須走浅間のハルニレ

所在地　駿東部小山町須走一二七（富士浅間神社）

・県指定　昭和38年2月
・樹種　ハルニレ
・樹齢　推定500年
・幹周　4.0m
・樹高　24.5m
・交通　東名御殿場ICから約11km

御殿場から山中湖へ向かう国道１３８号の東富士五湖道路入り口の須走インター近くに鎮座する富士浅間神社。この境内中ほど左に入った奥にこの樹がある。

ハルニレは山地にはえる落葉高木で、北海道から九州まで広く分布するが静岡県ではきわめて少ない中の巨木。樹齢約５００年。

この神社は平安時代初期の富士山噴火のとき、鎮火の祭事をしたのが始まりとされ、江戸時代の宝永の大噴火（１７０７年）で社殿は埋没したが、この時、このハルニレの木の下に避難した村人を救ったという伝説がある。

黒々とした樹はだをさらすハルニレの傍には、富士山を形どった大きな石碑が建つ。富士山東麓の巨木の多くが噴火災害をくぐり抜け、いまなお、したたかに生き抜く様をみると、人間の非力さを改めて感じる。

柳島八幡神社の二本スギ

所在地

駿東郡小山町柳島一六八（八幡神社）

- ・県指定　昭和42年10月
- ・樹種　スギ
- ・樹齢　不詳
- ・幹周　5.3m、5.3m
- ・樹高　34.0m、36.0m
- ・交通　JR駿河小山駅から約4㎞

小山町域内には二本スギと三本スギの変わった記念樹が存在する。

ＪＲ御殿場線駿河小山駅の北西、柳島地区の二本スギへは国道２４６号下をくぐり約１㎞。

うっそうとした森、苔むした石段、その奥に茅葺《かやぶ》きの古びた柳島《やなぎしま》八幡神社。二本スギはこのすぐ裏手の斜面に立つ。太さも高さも似たような2本の幹が空高く伸びる。根元は寄り添って完全につながっているが、単幹二本樹とか。

一つ根からの双生樹のような場合は、幹周りが２００㎝以上あれば合計値が対象となり、巨樹ランク入りは十分可能だが、この樹はまことに惜しい。

柳島八幡神社

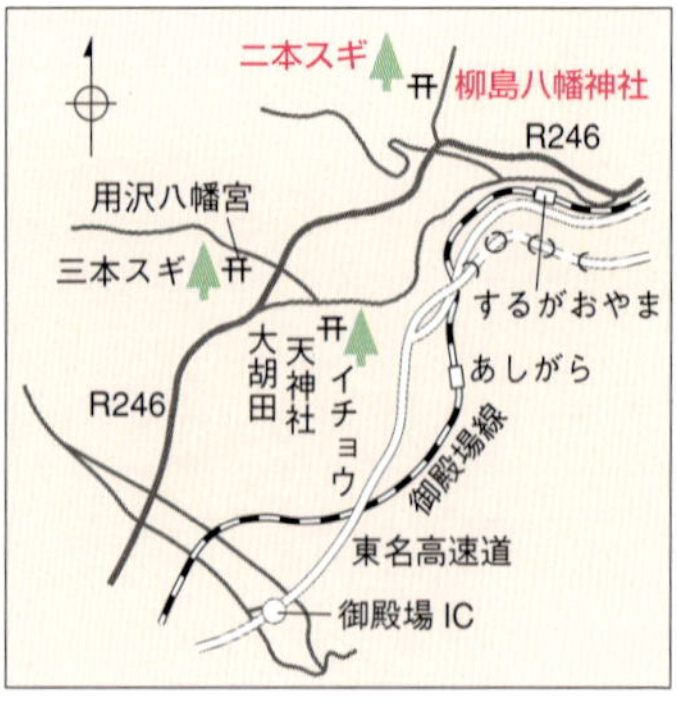

用沢八幡宮の三本スギ

所在地

駿東部小山町用沢五一七（用沢八幡宮）

- ・巨樹ランク　10位
- ・町指定　昭和64年1月
- ・樹種　スギ
- ・樹齢　推定400年
- ・幹周　3.4m、5.0m、3.5m（11.8m）
- ・樹高　30m（38m）
- ・交通　東名御殿場ICから約8km

東名御殿場インターを出て国道138号と246号交差ガードより小山方向へ約5km、菅沼交差点で左折し北郷中学校を目指す。学校の向かい側が神社だ。

鳥居をくぐったすぐ左にちょうど中指3本を延ばしたようなスギの高木。ひとつの根から3本の幹が生長したもの。県内では二本スギは何本かみられるが三本は珍しい。

巨樹ランクでは幹周りが3本の合計で測られ堂々の10位入り。

地元の人の話では、樹の周囲をはじめ境内がかさ上げされ昔の姿はないと言っていたが、土に埋まる前の根回りはいかばかりであったろうか。

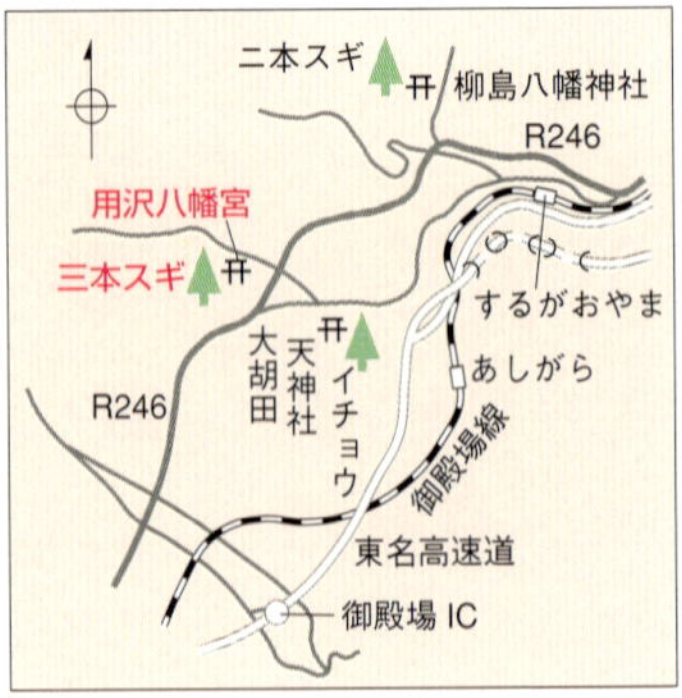

大胡田天神社のイチョウ

所在地　駿東部小山町大胡田六四三（天神社）

・県指定　昭和41年3月
・樹種　イチョウ
・樹齢　推定400年
・幹周　6.2m
・樹高　24.0m
・交通　東名御殿場ICから約８㎞

用沢八幡宮から国道２４６号をはさんだ南側の大胡田《おおこだ》地区。県道から少し入った閑静なところに天神社はある。

境内南側の斜面下にこの大イチョウはそびえ立つ。田んぼが広がり、この樹にとって日当たり、水利など申し分なし。イチョウ樹の記念物の中では樹齢が比較的若く、推定３００～４００年。それゆえに樹勢も旺盛で幹や枝にたくさんの乳状下垂がついている。

下に降りて田んぼの方から眺めると一層大きさが実感できる。夏の入道雲のようにもくもくと枝葉がわき上がるようだ。ここからは富士山もよく見える。

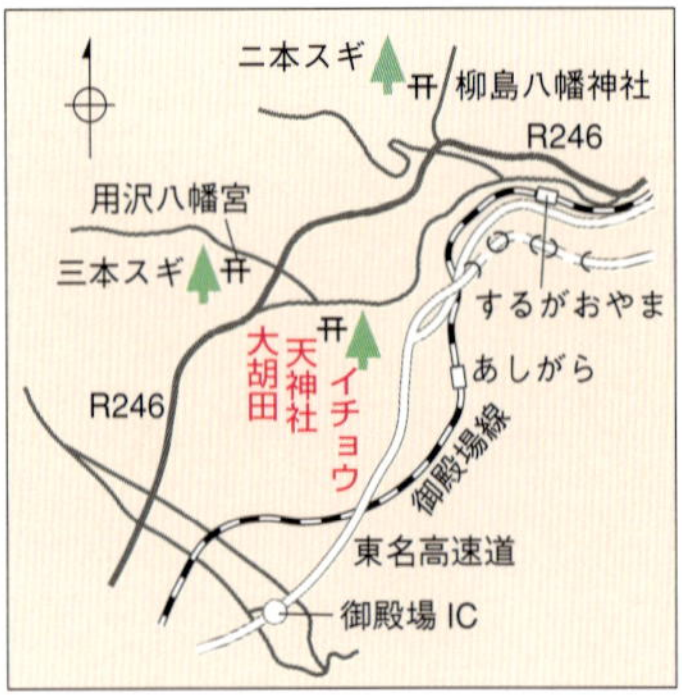

宝永のスギ

所在地　御殿場市柴怒田一三五（子神社）

・巨樹ランク　71位
・県指定　昭和38年２月
・樹種　スギ
・樹齢　推定700年
・幹周　7.7ｍ（7.75ｍ）
・樹高　33.5ｍ（33ｍ）
・交通　東名御殿場ICから約６㎞

東名御殿場インターから国道138号を山中湖方向へ約5㎞、大乗寺手前の仁杉の信号を右折し、間もなく右前方に一見してそれと分かる大きな樹が目にとまる。

子神社という小さな社の脇にどっしりと根をおろす大樹。これこそ富士山の宝永の噴火を知る大スギ。樹齢およそ700年といわれ、いまなお樹勢旺盛。

宝永4年（1707）の富士山噴火の砂礫《されき》が高い枝の部分に積もったまま残っていたのが発見され、以来、俗称「宝永のスギ」と呼ばれている。

御殿場市内にある大スギの中でも最大級といい、高さもさることながら横の広がりも見事だ。きょうも富士山を見守るように不動の姿勢を保つ。

子神社

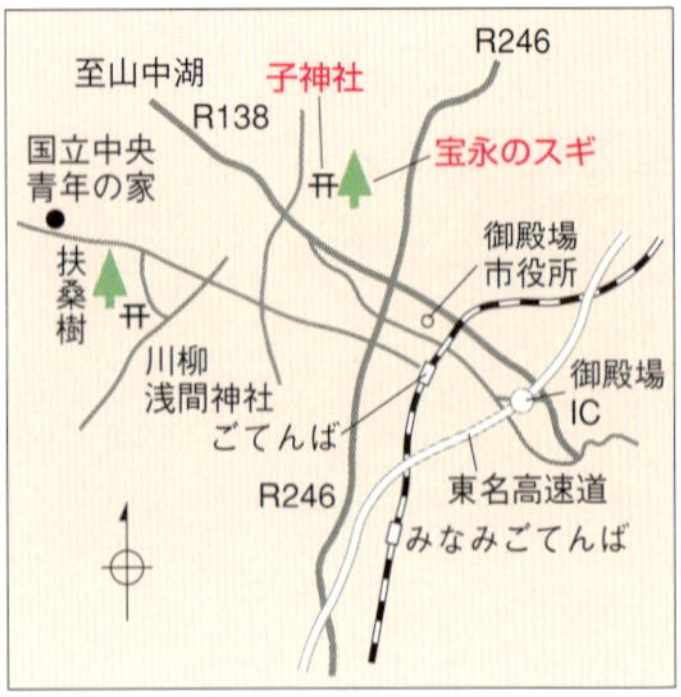

川柳浅間神社のスギ

所在地

御殿場市中畑一七四（川柳浅間神社）

- ・巨樹ランク　16位
- ・県指定　昭和38年12月
- ・樹種　スギ
- ・樹齢　不詳
- ・幹周　5.5m、5.3m（10.63m）
- ・樹高　33.4m、33.4m（33m）
- ・交通　東名御殿場ICから約7km

ＪＲ御殿場駅から通称富士山スカイライン方向へ約５km、自衛隊滝ケ原駐屯地少し手前を左に折れてやや戻るように下ると、杉木立の中に川柳《かわやなぎ》浅間神社がある。

社の真ん前に立ち並ぶ２本のスギの巨木。２本の樹間は両腕を広げた長さにも足りない。双生樹のようにもみえるが、もともと２本の樹だったものが生長するにつれ根元が融合したのだという。

地元では「川柳の扶桑樹《ふそうじゅ》」として親しまれてきた。明治39年、近くの別荘に住まわれた時の海軍大将伯爵樺山《かばやま》資紀《すけのり》氏は、この樹をこよな

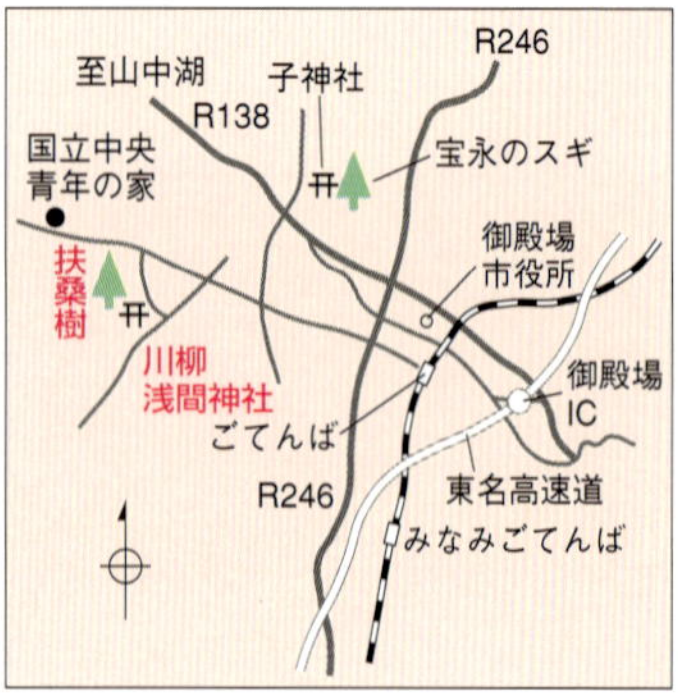

く愛し「扶桑樹」と命名されたとか。

下土狩のイチョウ

所在地　駿東郡長泉町下土狩六〇五（渡辺宅）

・巨樹ランク　46位
・県指定　昭和11年10月
・樹種　イチョウ
・樹齢　推定2000年
・幹周　8.3m（8.65m）
・樹高　33.0m（22m）
・交通　JR御殿場線下土狩駅から徒歩5分

ＪＲ御殿場線下土狩駅前の道路が整備されて、その名も「大いちょう通り」となった。駅からこの道を真っすぐに５００ｍほど、道路右側にある渡辺さん個人宅の庭にこの樹はある。

樹齢２０００年以上といわれる老樹である。太い幹は、毛布のようなシートのようなものが巻き付けられて樹勢回復の養生中。

根元に小さな石の祠《ほこら》が祭られている。子安神社といって、昔は産婦が乳が出るようにと願かけに訪れる参拝者が多かったというが、昨今はそんな姿も見かけなくなった。

この樹には「公孫樹」の字が似合う。孫の３代目に至って初めて結実する樹の意だそうだが、イチョウの孫木ともなると気の遠くなるような歳月。

太い幹の根元にはたくさんの孫木が育ち、老樹をいたわるように囲んでいる。

三嶋大社のキンモクセイ

所在地　三島市大宮町二―一―五（三嶋大社）

- 国指定　昭和9年5月
- 樹種　モクセイ
- 樹齢　推定1200年
- 幹周　4.0m
- 樹高　15.0m
- 交通　JR三島駅から徒歩10分

三嶋大社は昔の東海道と下田街道の丁字路にあたる位置に鎮座。伊豆の国一の宮ともいわれ、源頼朝が源氏再興を祈願し旗揚げした神社として名高い。

5万平方メートルという広い境内は緑濃く、桜の名所としても知られる。

唐門をくぐった右手に日本一といわれるキンモクセイの樹はある。学名は「ウスギモクセイ」。9月上旬から中旬にかけ、その名のとおり淡い黄色の花を枝いっぱいにつけ、辺りにここちよい香りを漂わす。再び9月下旬から10月上旬に花をつける二度咲きの珍しい老木。「県の木」に指定されている一般的なキンモクセイの花はオレンジ色に近く濃い。

地上近くで幹は株状に分かれて広がり、15mほどの半球状の

樹冠をつくる。花のない時期でも、樹の周りは白いおみくじの花が絶えない。

三嶋大社のみごとな桜

駒形諏訪神社の大カシ

所在地　三島市山中新田四〇―一（駒形諏訪神社）

- ・県指定　昭和46年3月
- ・樹種　カシ
- ・樹齢　推定600年
- ・幹周　6.2m
- ・樹高　25.0m
- ・交通　JR三島駅から約11km

国道1号を三島から箱根峠に向かうほぼ中間の山中新田に、豊臣秀吉の小田原城攻めの際、山中城合戦で知られる城跡があり、今は史跡公園として整備されている。

公園東側の本丸跡近くに駒形諏訪神社が祭られている。大カシは神社の左手の本丸入り口部分にそびえ、推定樹齢500〜600年。天正18年（1590）の合戦時にはすでに生育していたと考えられる。

地上4mほどのところから主幹が数本に分かれているが南側に大きな赤い傷口をさらしている。痛々しいがこの樹がアカガシであることの証しでもある。

史跡公園内は空堀や曲輪《くるわ》跡など当時の巧みな城郭が復元されていて興味深い。

駒形諏訪神社

大瀬崎のビャクシン

所在地

沼津市西浦江梨大瀬

- ・国指定　昭和７年７月
- ・樹種　イブキ
- ・樹齢　推定1500年
- ・幹周　6.3m
- ・樹高　18m
- ・交通　沼津市街から約27㎞

伊豆半島の北西端に突き出た大瀬崎はダイビングスポットとして人気が高く、また、富士山とのロケーションの良さでも定評がある。

半島の中ほどに海上の安全を護る大瀬神社が鎮座、毎年4月4日例大祭が行われ、たくさんの漁船が参拝に集まる。

この神社を囲むように200本を超えるビャクシンが樹林を形成し、樹林全体が国の指定をうけている。中でもひときわ大きく御神木になっている老樹が岬の灯台近くにある。

半島の中央部には伊豆七不思議の一つ「神池」がある。海岸からわずか50mしか離れていないのに、淡水で鯉が群れている。

御神木のビャクシン

岡宮浅間神社のクス

所在地

沼津市岡宮二八五
（岡宮浅間神社）

・巨樹ランク　53位
・県指定　昭和44年5月
・樹種　クス
・樹齢　推定1000年以上
・幹周　7.5m（8.4m）
・樹高　20.5m（23m）
・交通　東名沼津ICを出て岡一色歩道橋で右折500m

東名沼津インターに近い新幹線のわきに神社はある。創建は古く、日本武尊が富士山頂に木《この》花咲《はなさく》耶姫命《やひめのみこと》を祀りここを御膳殿としたと伝わる。

社殿右手の開けた場所の中央部に、スカートのすそを広げたように根をおろす大クス。地上数メートルのところで主幹は3本の太い枝に分かれ、先には若々しい枝葉をつけ傘を広げたように境内を覆う。幹のあちこちに大きなコブが見られる。樹勢旺盛で樹姿も立派。クスの樹の近くに日本武尊が腰をおろしたという石がある。氏子は生まれた子供をここに寝かせ健やかな成長を祈願するのだという。

日本武尊が腰をおろした石

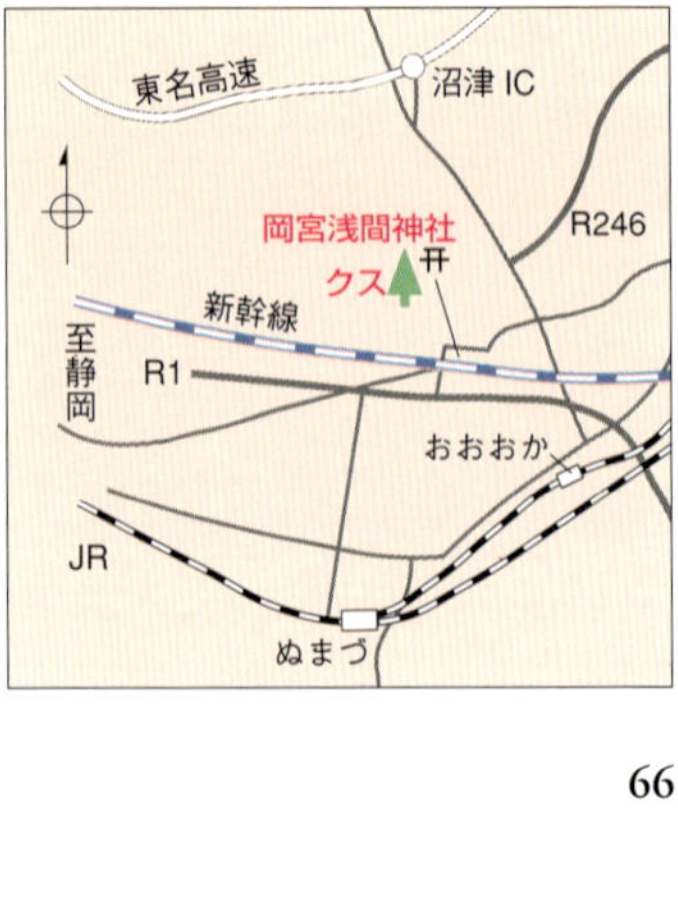

富知六所浅間神社の大クス

所在地

富士市浅間本町五ー一
（富知六所浅間神社）

・巨樹ランク　9位
・県指定　昭和30年４月
・樹種　クス
・樹齢　推定1200年
・幹周　13.0m
・樹高　15.0m
・交通　東名富士ICから２㎞弱

東名富士インターから国道1号方向に南進、1㎞余の三日市交差点で左折、500ｍほどの所に富士山を背にして森に囲まれた富知六所《ふじろくしょ》浅間神社がある。地元では「三日市浅間さん」と呼ぶ。クス、タブ、ムクなどの木々が覆い、小鳥のさえずりが賑やかだ。

境内右手の一角に柵に囲まれ手厚く保護されている御神木のクス。幹は二つに分かれ、生き残った手前側の幹の直径は６ｍ余り。幹の中央は大きな空洞となっているが樹勢は旺盛、枝には若々しい緑の葉が生い茂る。推定樹齢1200年余。巨樹ランク堂々の9位。

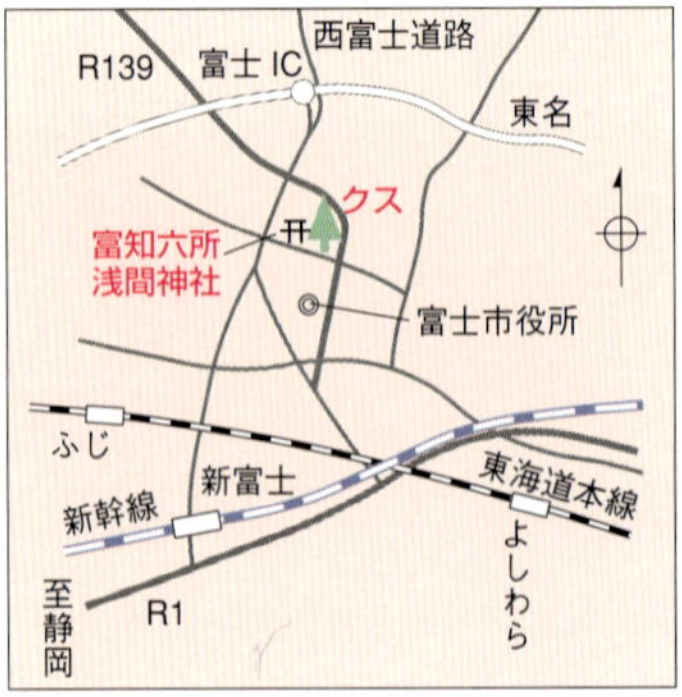

県指定天然記念物
御神木大樟
推定樹齢 千二百余年
天然記念物
樟の木

富士岡地蔵堂のイチョウ

所在地
富士市富士岡東川原八一

・県指定　昭和46年3月
・樹種　イチョウ
・樹齢　推定600年
・幹周　6.2m
・樹高　26.0m
・交通　岳南鉄道岳南富士岡駅から徒歩500m

県道三島富士線の赤渕川橋の西側を南に200mほど入った所に広場があり、その中央に「子育て銀杏」が堂々とした姿を見せる。その傍らに地蔵堂が建つ。

樹は樹齢およそ600年、幹や枝にはたくさんの乳状下垂をつけている。昔はこの樹にも乳の出ない母親が願をかけ、幼な子の無事成長を地蔵尊に祈願したことであろう。

イチョウの樹への信仰は時代とともに遠いものになってきているが、地蔵堂には真新しい花が供えられ、広場では子供達が無邪気に遊び跳ねていた。このイチョウは雄木で実はならない。

北西方向に1.5㎞ほどの所にかぐや姫伝説の竹採公園がある。

地蔵堂と後ろはイチョウ

狩宿の下馬ザクラ

所在地

富士宮市狩宿九八―一

・国特別　昭和27年3月
・樹種　サクラ
・樹齢　推定800年
・幹周　8.5m
・樹高　35.0m
・交通　白糸の滝にも近く東名富士ICから約17㎞

源頼朝は鎌倉幕府を開いた翌年、富士山麓で大掛かりな巻狩りを行い、この地の井出館に本陣を置いた。この時、頼朝の愛馬を館の前のこの桜の枝につなぎ止めたと伝えられ「下馬桜」「駒止めの桜」などと呼ばれるようになった。

赤芽白花のヤマザクラで4月中旬、赤茶色の新芽とともに花をつける。樹齢推定800年以上、日本最古のヤマザクラの老木とまでいわれ、国の特別天然記念物に指定されている。

度重なる台風や落雷の被害に遭い、一時は危惧された樹勢も最近は若芽によって回復、樹形も整い、枝いっぱいの花は壮観。

富士山本宮浅間神社の祭神は木花咲耶姫命《このはなさくやひめのみこと》。サクラの呼び名は一説にはこの「サク

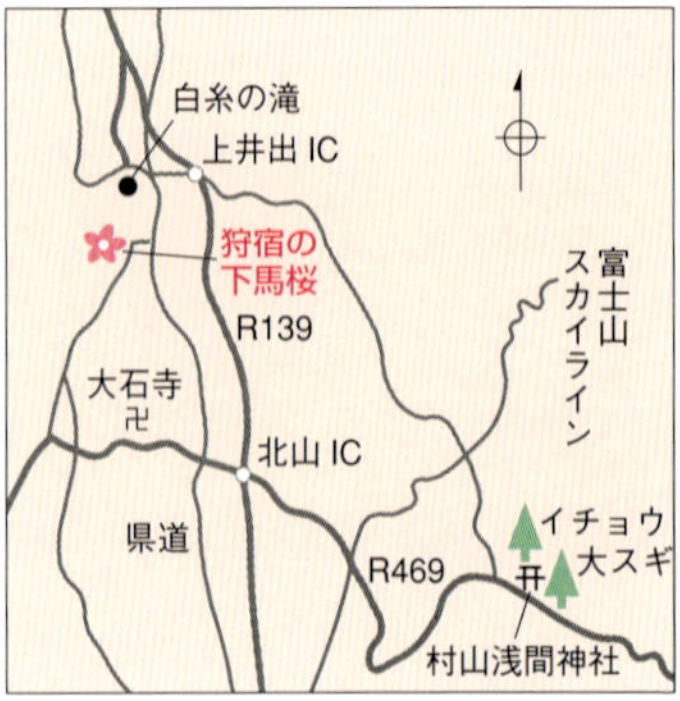

ヤ」からともいわれる。富士山の地に相応しい名木だ。

猪之頭のミツバツツジ

所在地

富士宮市猪之頭六八八

・県指定　昭和60年11月
・樹種　ミツバツツジ
・樹齢　不詳
・根回　1.7m
・樹高　4.5m
・交通　東名富士ICから約27㎞

県営養鱒場の少し南、民家の庭先で毎年4月20日前後に、大きな絵日傘を広げたように明るいピンク色の花を枝いっぱいに咲かせる一本の樹。これが全国でも最大級といわれる県指定天然記念物のミツバツツジだ。

根元から幹が7本に分岐した独立樹で、葉が出る前に枝全体を花が覆うので、その鮮やかさはたとえようもない。

西方の猪之頭林道の高台からは、カラフルなパラグライダーが舞い降りる。その形がこの樹形にも似て、互に華麗さを競い合っているよう。

村山浅間神社の大スギとイチョウ

所在地　富士宮市村山字水神（村山浅間神社）

- 巨樹ランク　23位
- 県指定　昭和31年5月
- 樹種　スギ
- 樹齢　推定1000年
- 幹周　9.9m
- 樹高　47.0m
- 交通　東名富士ICから県道24経由15㎞

国道469号、富士南麓道路のわきに村山浅間神社はある。その昔、修験者の場として栄えた歴史ある神社だが、今は富士山を見据えてきた樹齢1000年の大スギとそれを取り囲むスギの巨木が往時を物語る。

境内一帯には幹周3mを超す巨木が22本もあり、巨樹林を形成している。御神木の大スギは境内右手の道路近くに

県指定のイチョウ

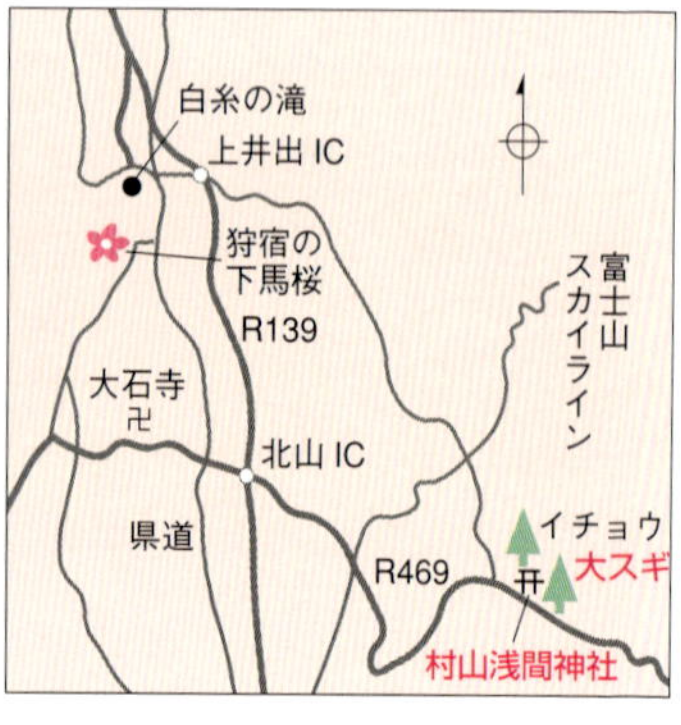

県指定、巨樹ランク23位の大スギ

そそり立つ。樹高47ｍはスギの中では県内1、2だが、周囲の巨木でそれほど感じない。中心部に高さ8ｍにおよぶ大きな空洞がある。巨樹ランク23位。

ここには、もう一つ県指定のイチョウ（幹周9.2ｍ、樹高16ｍ）が境内中央部にある。樹高はそれほどないが、イチョウ樹では県内一。巨樹ランク34位。気根の発達が著しく、数十本が幹の途中から垂れ下がっている。

村山浅間神社

西山本門寺の大ヒイラギ

所在地　富士郡芝川町西山六七一（本門寺）

・県指定　昭和31年5月
・樹種　ヒイラギ
・樹齢　推定500年
・幹周　3.4m
・樹高　14.5m
・交通　JR身延線芝川駅から約7㎞

ＪＲ身延線芝川駅から北へ約５㎞、芝川流域の静かな丘陵の森の中に歴史を刻む西山本門寺がある。

下馬札のある黒門から、両側を高い杉木立に囲まれて大きな石段の参道を上がると、やがて広い本堂前に出る。イチョウの巨木が2本立ち並び、その横に黒塗りの鐘楼。

ヒイラギは本堂裏手にある。信長の首塚として有名な場所だ。天正10年（１５８２）京都本能寺の変で討ち死にした信長の首を、囲碁名人といわれた本因坊日海の指示により、炎上する本能寺より持ち出し当山に納め、首塚を築きヒイラギを植えたと伝えられる。

樹齢推定５００年。ヒイラギは生長が遅く、これだけの巨木は珍しい。現在、太い幹は樹勢回復のため養生中。

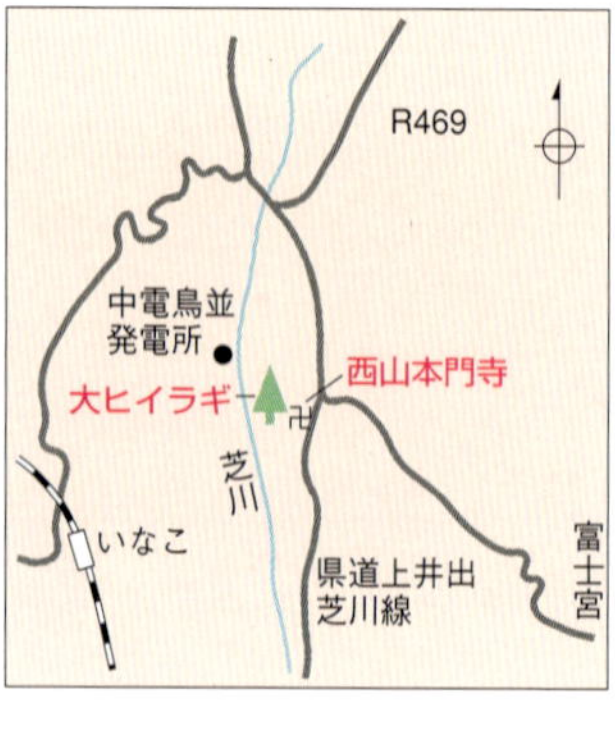

中部地区

竜華寺のソテツ

所在地
清水市村松二〇八五（竜華寺）

・国指定　大正13年12月
・樹種　ソテツ
・樹齢　推定1100年
・根回　5.2m
・樹高　4m
・交通　JR清水駅からバス。東名清水ICから約6㎞

竜華寺《りゅうげじ》といえば「ソテツ」と答えるくらい昔から大ソテツで有名な所。しかし、それだけではない。天皇家や徳川家の手厚い加護のもとにあったことから本堂や庭園は由緒あるもので、寺そのものに見るべきものが多い。また、文豪高山樗牛《ちょぎゅう》の墓があることで知る人もいる。

ソテツは山門から境内を上がり本堂東側にある。徳川家紀伊頼宣、水戸頼房二卿の寄進で開山当時（1670年）、中国より移植したものと伝えられる。雌雄両株あって、雄株はわが国最古最大といわれ根回り5m、枝数58本、樹齢推定1100年。国指定天然記念物。雌株は根回り4m、樹齢800年。若いだけにいまやこちらの方が樹勢も旺盛。

高山樗牛がここに魅せられたのも三保の松原から富士山に至

る眺望のよさに外ならなかった。

このソテツはそれより遥か昔から

竜華寺

この場所がお気に入りだったに違いない。

但沼神社のクス

所在地

清水市但沼三八六（但沼神社）

- ・巨樹ランク　７位
- ・県指定　昭和35年４月
- ・樹種　クス
- ・樹齢　推定1000年
- ・幹周　13.1m（13.0m）
- ・樹高　29.5m（30m）
- ・交通　ＪＲ興津駅からバス。東名清水ICから約12㎞

興津川に沿って国道52号を北上、但沼《ただぬま》地先で和田島方向へ曲がった先が静鉄バス車庫。この南側の小高い所に地域の氏神但沼神社がある。

　人家の間を回り込んで南側の神社正面に向かうと、高々とそびえ立つクスの巨木に圧倒される。無数の玉石を積み上げた高い石垣の上に社殿があって、その背後にこのクスは根を張る。推定樹齢１０００年といわれるが、その割りには幹部もしっかりして樹勢も旺盛だ。

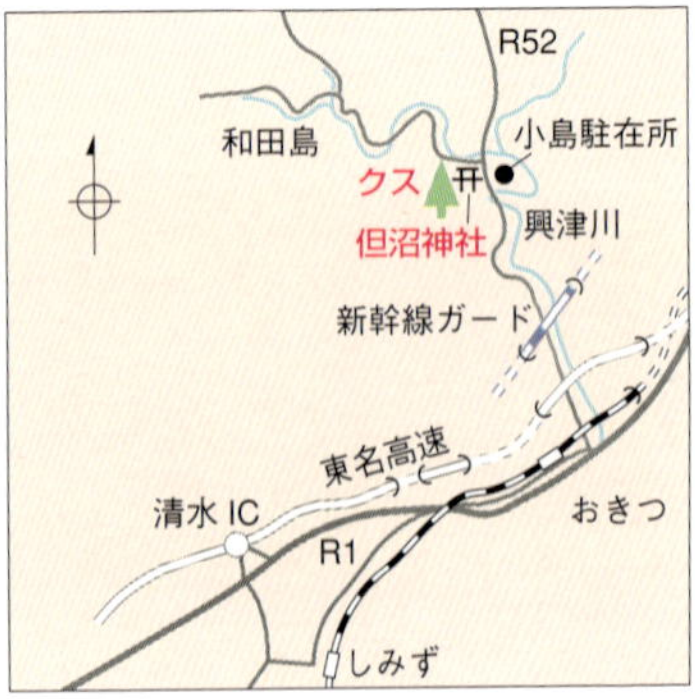

　境内広場から見ると、高い位置にあるので50ｍ位の高さに思えるが、実際の高さは約30ｍ。巨樹ベスト１００中７位、県中部では１、２の大物だ。

　興津川はアユ

釣りの解禁の早いこと、好ポイントの多いことで釣りファンの人気が高く、シーズン中はこの界わいはにぎやかだ。

三保・羽衣の松

所在地
清水市三保

・樹種　クロマツ
・樹齢　推定650年
・幹周　3.5m
・樹高　12m
・交通　JR清水駅からバス。東名清水ICから約10km

三保の松原に富士山――なぜここを日本三景の一つに数えなかったのかと不思議に思う。この松原の中に羽衣《はごろも》伝説や謡曲「羽衣」で有名な「羽衣の松」がある。

天女が舞い降りて羽衣を松の枝にかけ水浴している間に、それを漁夫が見つけ家宝として持ち帰ろうとする。羽衣がなくては天に帰れない。しきりに返してくれるよう嘆願する…。子供の時から昔話として聞き、絵本で見たり唱歌にもあった天女――。宇宙服を着て船外活動する宇宙飛行士とダブったりもする。

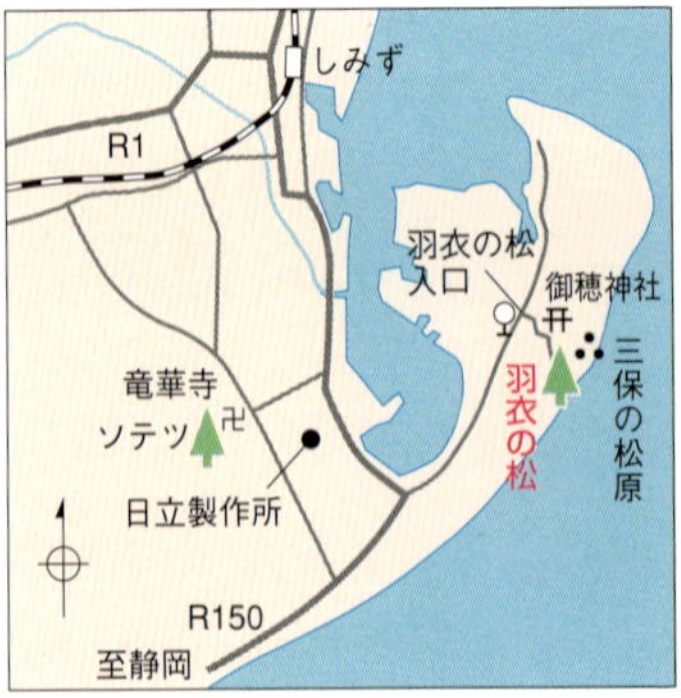

ロマンを秘めたこの松を改めて見に出掛ける。伝説の松は樹齢650年といわれるクロマツ。大きな枝が横に這うように伸びる。ひょっとしたらこの枝に？

御穂神社の御神木だ。3本の太い幹のうち1本は枯死同然、全体に衰えが感じられる。平成

9年二世の育成に成功、親の遺伝子をもった若苗が潮風に揺れていた。

海岸の砂浜は侵食が激しく、大掛かりな護岸工事が進められている。いつまでもこの自然景観が保たれてほしい。

羽衣の松がある三保海岸

郷島浅間神社のクス

所在地

静岡市郷島三七三（浅間神社）

・巨樹ランク　5位
・市指定 平成7年1月
・樹種　クス
・樹齢　推定1000年
・幹周　13.0m
・樹高　43.0m（20m）
・交通　JR静岡駅からバス。東名静岡ICから約18㎞

　JR静岡駅から北へ約16㎞、安倍川左岸の郷島《ごうじま》地区に郷島浅間神社がある。

　鳥居越しにひときわ高いクスの巨木が目に飛び込んでくる。

郷島浅間神社

巨樹ランク5位の無名の大クスだ。静岡市内でも最近まであまり知られていなかった。市指定登録も比較的新しい。

　山の付け根のやや不安定な場所に根を張っていることもあり、幹はやや南側に重心が偏っているかのよう。そのため根は大地に食い込むように這う。

　中部地区では但沼神社のクスとここのクスが巨樹の双璧、いずれも樹齢1000年を超す貫録。根元近くの古びた拝殿がクスの安寧を見守っている。

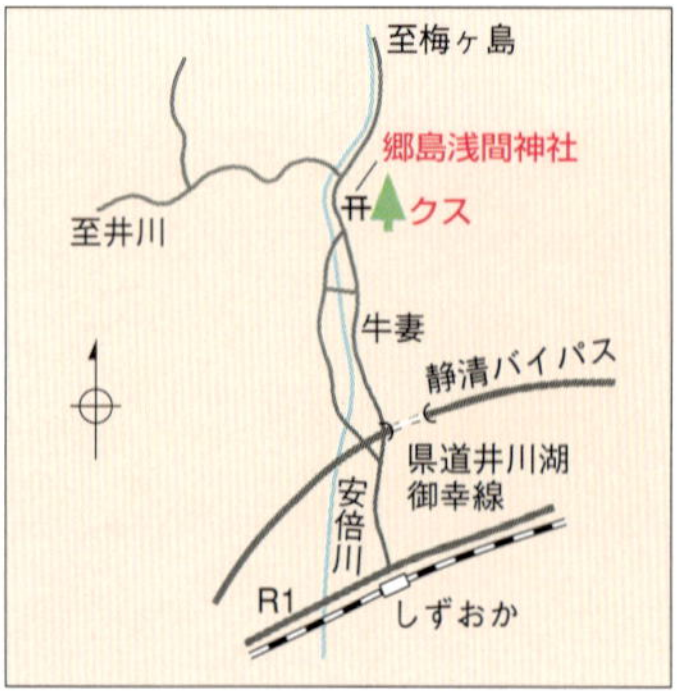

小鹿神明社のクス

所在地

静岡市小鹿八八六（伊勢神明社）

・巨樹ランク　14位
・県指定　昭和52年３月
・樹種　クス
・樹齢　推定1000年以上
・幹周　10.8m（11.0m）
・樹高　28.0m（30m）
・交通　JR静岡駅からバス。東名静岡ICから５km

静岡市中心部の南東、日本平麓の静大近くに二つ池・小鹿公園がある。このすぐわきに伊勢神明社、通称小鹿神明社が鎮座、境内右手に大きさ、形、勢いと三拍子揃った一級のクスが悠然と立つ。

昭和61年初夏、南半分の樹勢が急激に衰えピンチに陥った。調査の結果、市の施設の駐車場の舗装によって根に水分や養分が行き渡らなくなったことが判明、氏子総代を中心に地域住民が「クスを守ろう」と立ちあがり、行政と一体となって対策に乗り出した結果、見事御神木は蘇った…と、入り口の掲示板に貼られた古い神社報からうかがい知ることができる。

社伝によると元亀・天正（1570～）のころすでに大木で、村人から神木として崇められていたという。巨樹ランク14位。樹全体に若々しさがみなぎり、他のクスの王者とは違った魅力がこの樹にはある。

瀬名山崎邸のヤマモモ

所在地
静岡市瀬名六丁目
山崎邸

・巨樹ランク　20位
・樹種　ヤマモモ
・樹齢　推定 350年
・幹周　10.1ｍ
・樹高　12ｍ
・交通　東名清水IC から8.5㎞

静清バイパス瀬名ＩＣから、通称竜爪《りゅうそう》街道を竜爪山の麓に向かって2.5㎞ほど、竜爪中学校の少し手前で右に入ると公園がある。公園の斜め向かいが山崎製茶。この敷地の一角にヤマモモの巨木が植わる。

根元付近から太い7本の幹に分かれて、枝葉が半球状に空に広がる。幹の形状、樹の大きさなどは伊東・蓮着寺のヤマモモ（国指定）と似ているが、こちらは無名無指定。しかしながら巨樹ランク20位の堂々もの。複数の支幹がサイズをかせぐ。樹齢は300～350年ではないかという。

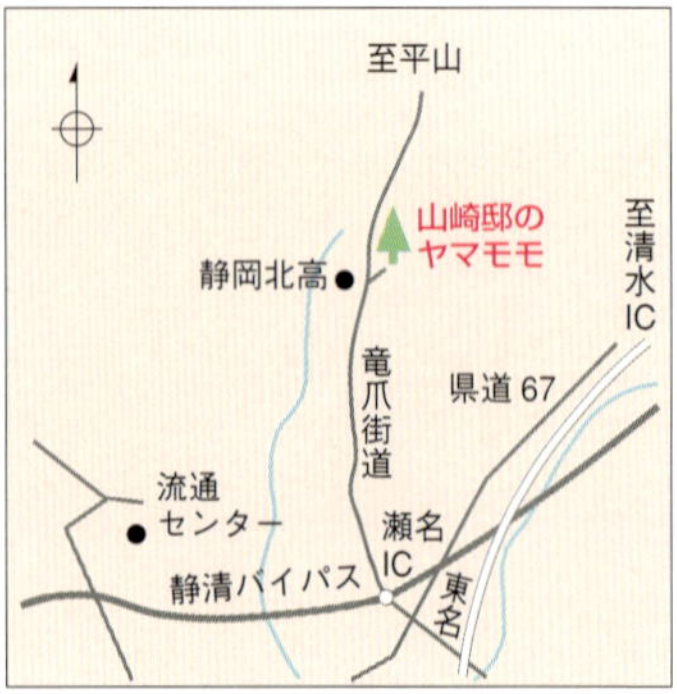

巨樹・巨木の中には、この樹のようにあまり知られていない無名の樹が他にもあるに違いない。樹にとっては伐採の心配さえなければ、案外その方が幸せな

のかもしれない。人が集まり、人工の手が加わることが樹にとっては自然が遠のく一番の要因だから。
ヤマモモの樹は今日も茶畑のなかで太陽の光を存分に浴び、悠々自適に生きているようだ。

黒俣の大イチョウ

所在地　静岡市黒俣字田島沢

・巨樹ランク　43位
・県指定　昭和40年３月
・樹種　イチョウ
・樹齢　不詳
・幹周　8.3m（8.7m）
・樹高　20.0m
・交通　JR静岡駅からバス、終点徒歩４km。東名静岡ICから26km

静岡市内から国道３６２号を藁科川に沿って千頭方向に向かう。バス終点の久能尾《きゅうのお》で国道と別れ、左手県道藤枝黒俣線を進む。さかのぼること４km、案内標識に出合う。

標高３２０m、茶畑の上の高台に一本だけ立つ大樹、それが大イチョウだ。まだ緑の葉を多く残すが、時折金色の葉を風にひらひら飛ばす。

近づくと小さな赤い鳥居が二重にあってアクセントを添える。樹の後ろ側には小さな稲荷が祭られている。

高い位置にあるため樹高はそれほど伸びないが幹はがっちりとして太く、県内のイチョウでは屈指の巨木で樹勢も形態も立派だ。雄木であるため実はつけない。威風堂々、これからも黒俣の谷あいを見守り続けてほしい。

ここは東海自然歩道のコースにあたり、この先は清笹峠を経て宇嶺《うとうげ》の滝・高根山に至る。

石蔵院のお葉付イチョウ

・県指定　昭和29年1月
・樹種　イチョウ
・樹齢　推定 500年
・幹周　4.7m
・樹高　30.0m
・交通　JR静岡駅からバス。東名静岡ICから8㎞

所在地

静岡市安居二七二（石蔵院）

久能山東照宮入り口から久能街道沿いに西へ500m、寺に入る道の左わきに井出八郎右エ門の墓が建つ。家康の馬の口取りを務めた身分の低い武士だが、永年の知遇に報いるため主の葬儀を目のあたりに割腹殉死した。

山門をくぐった左に大きなイチョウが枝葉を広げる。これが全国的にも数少ない植物形態学上でも貴重なお葉付イチョウ。雌木で、葉の上に結実する現象がみられる。10月中・下旬に茶黄色の実が葉の表にぶらさがっているのを随所に見ることができる。

このイチョウは慶長年間（1596～1615）に開山良尊禅師手植えと伝えられ、井出八郎右エ門の事件の一部始終を知っている。

お葉付イチョウ

家康手植のミカン

所在地

静岡市追手町一－一
（駿府公園）

・県指定	昭和28年4月
・樹種	ミカン
・樹齢	不詳
・根回	2.6m
・樹高	5.2m
・交通	JR静岡駅から徒歩10分

駿府公園の中央部、フェンスに囲われた中に大きなミカンの木が植わる。すぐ脇に家康公の像が立つ。

家康が将軍職を退いて駿府城に隠居のおり、紀州（現在の和歌山県）より献上された鉢植えのミカンを天守閣下の本丸に移植したものと伝えられる。

鎌倉時代に中国から入った紀州ミカンの一種で香りが強く、種のある小型の実を結ぶ。花の時期は5月初旬、収穫時期は12月中旬。

収穫されたミカンは駅のコンコースなどで市民や観光客に配られ、静岡ミカンの宣伝にも一役買う。また、2000年の葵博を記念して家康手植のミカンの枝を接ぎ木した幼木が県内の施設や学校に配られもし

た。
家康ゆかりの唯一生きた記念物である。

駿府公園にある家康像

チャ樹（やぶきた種母樹）

所在地
静岡市谷田

・県指定　昭和38年4月
・樹種　チャ
・樹齢　推定120年
・樹高　1.9m
・枝張り　5.4m
・交通　静岡鉄道県立美術館駅から徒歩10分

茶どころ静岡で「やぶきた」を知らない人はいない。せん茶を代表する優良品種だ。この生みの親が安倍郡有度村（現静岡市谷田）の杉山彦三郎氏。

明治10年（1877）ごろ、優良種と見込んだ茶の種子を開墾したモウソウ薮の跡地にまいた。ここから2個体を選び、北側のものを薮北、南側のものを薮南と名付けた。その後、薮北を取り木で増殖、品質が認められるようになり、1953年「やぶきた」と命名、登録するに至った。

彦三郎氏出身の旧有度村は現在の県立美術館のある有度山一帯。美術館上がり口にやぶきた茶の母樹が移植されている。樹は立ち性でかなり大型、樹

勢も旺盛。普段茶畑で見かける分身のやぶきたとは似ても似つかずの様相。

万年寺のカヤ

所在地
志太郡岡部町新舟一二三二(万年寺)

・県指定　昭和53年10月
・樹種　カヤ
・樹齢　不詳
・目通　6.1m
・樹高　25.0m
・交通　東名焼津ICから国1を横切り約11㎞

岡部町役場近くから朝比奈川に沿って「玉露の里」を目指すと、この斜め向かい側に万年寺がある。小じんまりとした寺だが境内右手にひときわ大きな樹が目にとまる。カヤの巨木だ。

県内にカヤの記念物が8本あるが、北浜の大カヤノキに次いで2番目。根元から2mほどのところから二股に分かれた幹が空に向かって枝葉を張る。

樹のわきから茶畑の坂を上がると、そこは朝比奈城址。山々の深い緑と朝比奈川の清流が一望のもとに見渡せる。

この地区では、近くの六社神社の祭典に合わせ2年に1度「竜勢」が打ち上げられる。戦国時代、山城から山城へ急を知らせるためののろしが使われたが、その発達したもの

ではないかといわれている。
「玉露の里」にもぜひ立ち寄ってみたい。日本庭園に落ち着いたたたずまいの瓢月亭。最高級の玉露が体験できる。

須賀神社のクス

所在地

藤枝市水守一七（須賀神社）

- ·巨樹ランク　15位
- ·県指定　昭和33年9月
- ·樹種　クス
- ·樹齢　不詳
- ·幹周　10.9m
- ·樹高　23.7m（24m）
- ·交通　東名焼津ICから約4km

藤枝と岡部を結ぶ旧東海道の水守地区。この道沿いに須賀神社がある。境内入り口で枝葉を道路に半分出して、太い根元をどっしりと据えるクス。「須賀神社のクス」の呼び名で親しまれてきた。

巨樹ランク15位。藤枝市には巨樹・巨木が多い中での代表格だ。根元に空洞や幹の上部に養生跡があるものの、まだまだ元気いっぱいの様子。

昔は志太平野を見渡す広々とした環境の中にあったに違いないが、人家が建て込み、交通が激しくなって樹も生き抜いていくのが難しい時代になった。

鼻崎の大スギ

所在地
藤枝市瀬戸谷鼻崎一〇〇二六

・巨樹ランク　55位
・県指定　昭和36年３月
・樹種　スギ
・樹齢　不詳
・幹周　8.0m(8.4m)
・樹高　27.5m(28m)
・交通　JR藤枝駅からバス。藤枝バイパス谷稲葉ICから17㎞

藤枝バイパス谷稲葉ＩＣから瀬戸川に沿って県道を約17㎞、蔵田のバス停の先を左に入るとすぐの所。

高根白山神社への登り口、鳥居のわきに大スギは雄大な姿で立つ。樹には勢いがみなぎり、樹形も立派だ。樹の根元には人がよく集まる。樹には人を寄せつける力がある。人もまた樹の近くは心が休まる。

ここは東海自然歩道のルートの中にあり、宇《う》嶺《とうげ》の滝へは1.4㎞、高根白山神社へは2.1㎞(徒歩40分)の距離だ。

高根神社のスギ

所在地
藤枝市瀬戸谷高根九九六四（高根白山神社）

・巨樹ランク　79位
・県指定　昭和36年3月
・樹種　スギ
・樹齢　不詳
・幹周　7.2m（7.6m）
・樹高　47.2m（42m）

鼻崎の大スギ横の鳥居から参道を登ること約40分（2㎞余）、杉木立の中に古代神楽で知られる高根白山神社がある。

この辺りは標高700ｍ以上で境内の空気もひんやりと引き締まって感じられる。社殿を取り囲むように高いスギの古木が立ち尽くす中で、ひときわ大きな樹が本殿の真裏にあたる山の斜面にある。御神木のスギだ。

社殿右手にわずかに道すじが付いているが足元は悪い。注意しながら近づく。幹回りでは鼻崎の大スギにおよばないが樹高はこちらの方がずっと高い。幹の上方から荒々しい枝を出して、基部もしっかりしている。

芋穴所のマルカシ

所在地

藤枝市瀬戸谷九四四一
一芋穴所

・県指定　昭和37年2月
・樹種　カシ
・樹齢　不詳
・幹周　5.2m
・樹高　17.0m
・交通　鼻崎の大スギ（鳥居）から徒歩約60分

高根白山神社の少し手前で右に分岐する林道がある。この林道に沿って1.4㎞（徒歩25分）ほどの藤枝市瀬戸谷芋穴所《いもあなど》にこの樹がある。途中、道が左に大きく曲がる辺りから前方の稜線にこの樹が目にとまる。

林道に案内板があって、斜面を少し上がるとマルカシが見事な枝を広げて迎えてくれる。ここまで歩いてきた疲れもこの樹に出合ったとたん吹き飛んでしまいそうな、そんな魅力がいっぱいに漂う。

かなりの傾斜地にもかかわらず樹はしっかりと根をおろし、安定している。周囲もきれいに整備されていて気持ちがよい。カシの樹では山中城址・駒形諏訪神社のアカガシに次いで県内2番目の大樹。

マルカシとはこの地方の呼び名でアカガシのこと。材が赤いことからアカガシだが、マルカシとは葉の形が丸いからか。高根山（標高871ｍ）山頂から北の斜面にかけては自然林が残されアカガシが多い。

手穴所のマルカシ

久遠の松

所在地
藤枝市藤枝四丁目二一七（大慶寺）

・県指定　昭和30年2月
・樹種　クロマツ
・樹齢　推定750年
・幹周　4.5m
・樹高　25.0m
・交通　JR藤枝駅からバス。東名焼津ICから6.5㎞

藤枝市役所の北側、上伝馬商店街の中ほどに日蓮上人ゆかりの大慶寺がある。

寺の縁起によると、鎌倉時代建長5年（1253）、日蓮上人が京都比叡山への遊学の折に立ち寄り、12年後帰郷する際再び足を止められた東海道唯一の霊場という。

その際、法華経に説法教化された道円・妙円という老夫婦が別れを惜しんで願い出たところ、上人は1本の松を形見に手植えされていったと伝わる。古くから「久遠《くおん》の松」と呼ばれ、寺の象徴的存在となってきた。

そのクロマツが、いま700年余りの歳月を経ても境内中央で見事な枝ぶりで往時をしのばせる。根元には大宝塔とともに道円・妙円の墓が安置されている。

県指定の天然記念物でマツは3本あるが、樹勢があり、大きさ、姿が整っている点ではこのマツが一番だ。

天然記念物

智満寺の十本スギ

所在地
島田市千葉（智満寺）

・国指定　昭和37年6月
・樹種　スギ
・樹齢　推定1200～800年（各樹のデータは別掲）
・交通　藤枝バイパス野田ICから約7㎞

天台宗の古刹智満寺。奈良時代末、広智菩薩が開山したといわれ、源頼朝、今川氏、徳川家康など名だたる武将が手厚く信仰したことで、本堂はじめ仏像など多数が重文に指定されている。長い石段を上がり仁王門をくぐると、重厚な茅葺《かやぶ》き入母屋《いりもや》造りの本堂前に出る。奥之院は境内左手から急な参道を20分ほど登った千葉山山頂（496m）にある。

子持ちスギ跡

この一帯にはスギの巨木がうっそうと生い茂り、特に大きなもの10本が国の天然記念物に指定されている。これらには植えた人物または樹形から、それぞれに名前が付いている。現存する樹は9本で、このうち巨樹べ

大スギ

スト100内に7本までが入り、まさに巨樹林の象徴。十本スギ最大の大スギは巨樹ランク25位。

樹齢は推定1200~800年。十本スギの概要を一覧にする。なお、本堂右手奥にあった県指定のイチョウ樹は、平成12年6月に自然倒木のため指定を解除された。

名　称	ランク	幹周	樹高	伝承
頼朝スギ	33位	9.3m	36m	源頼朝お手植え
子持ちスギ		台風で倒木、現存しない		
開山スギ		開山広智菩薩お手植え。目通り11mあったが幹が折れ、根元だけが残る		
雷　スギ	51位	8.5m	36m	樹の形が雷神の怒りに似る
常胤スギ	98位	7.2m	30m	普請奉行千葉介常胤お手植え
経師スギ	89位	7.3m	36m	千葉太郎経師お手植え
一本スギ	50位	8.5m	45m	本山中もっとも高いスギ
盛相スギ	75位	7.6m	40m	行者盛相お手植え
達磨スギ		7.0m	30m	根が太くダルマに似る
大　スギ	25位	9.5m	40m	自然に呼称

達磨《だるま》スギ

雷スギ

常胤《つねたね》スギ

一本スギ

経師《つねもろ》スギ

開山スギの根元

頼朝《よりとも》スギ

盛相《もっそう》スギ

慶寿寺のシダレザクラ

所在地
島田市大草 七六七
（慶寿寺）

- ・県指定　昭和31年1月
- ・樹種　サクラ
- ・樹齢　推定400年
- ・幹周　3.5m
- ・樹高　14.0m
- ・交通　藤枝バイパス野田ICから2㎞

藤枝バイパス野田ＩＣから北へ2㎞、田園地帯の左手、少し小高い位置に慶寿寺《けいじゅじ》がある。本堂前に今川範氏の墓がある。

足利尊氏に仕え戦功のあった今川範氏は駿河守護となって、駿府に進出する前にこの地に居館を構え、寺を造営、京都から南江和尚を招いて自ら開いた寺。

その時、範氏は父範国の遺徳と仏恩に感謝し、本丸と二の丸にシダレザクラを植えたと伝えられる。

境内裏手の高台に、これに由来するシダレザクラが植わる。別名「孝養桜」ともいわれ、初代の樹は350年ほど前に枯れ、現在のものはそのとき枝分けした2代目という。

3月下旬、ソメイヨシノに先がけて花を咲かせる。

裏山に上がって、茶畑わきから花を愛でることができる。残念ながら主幹はなく、わき枝の生長した先に花を垂れる。本堂の屋根の甍《いらか》をバックに花が浮き上がる。盛期のころの花は、どんなにか見応えがしたことかとしのばれる。

香橘寺の大ナンテン

所在地

島田市阿知ケ谷三二五（香橘寺）

・県指定　昭和33年4月
・樹種　ナンテン
・樹齢　推定400年
・根回　0.3m
・樹高　4.7m
・交通　JR六合駅から約1㎞

ＪＲ六合駅の南西１㎞ほどの所に香橘寺《こうきつじ》はある。道路沿いに山門が建ち本堂へと続く。境内あちらこちらにナンテンを見かけるが、記念物の大ナンテンは本堂の裏、右側から回り込んだ狭い場所にある。

もともとこの樹は半日陰好み。それにしても、これがナンテン？　かと思うほどの様相だ。細い幹が根元から不気味に伸びて、棚の下にはほとんど葉が付いていない。立て札がなければ藤ヅルにも見える。

香橘寺

普通のナンテンは２ｍほどの常緑低木。それが２倍以上の4.7ｍ、樹の性質から幹が太ることも枝分かれもほとんどないまま４００年の歳月を忍耐強く生き

抜いたこの樹には脱帽のほかない。
ナンテンは「難転」になぞらえ災難除け、魔除けの木として手洗いの近くや鬼門にあたる場所に植えられてきた。また、生魚や赤飯の上に葉を添える風習はこの縁起にほかならない。

安田の大シイ

所在地
榛原郡金谷町大代字安田二九二三

・県指定　昭和33年10月
・樹種　スダジイ
・樹齢　不祥
・幹周　12.0m
・樹高　26.9m
・交通　国道１号金谷大代ICから7.5㎞

粟ケ岳の北東、中腹部に金谷町の安田《あんだ》地区がある。国道1号、新大井川橋西の大代ＩＣを出て童子沢親水公園のある側から入るか、旧国道1号の牧之原の峠から茶畑の中の道を北西に一気に進むかの二つ。安田の集落のはずれに近い小高い所に、一見してそれと分かる半球形の大きな樹冠を見せる樹が立つ。

上部の枝もなにやら盆栽仕立てのように躍っているが、近づいて根元付近を見て一層驚いた。長いヒゲがのたうち、竜が暴れているような？　そんな表現に尽きる。幹が根元付近でいくつかに分かれ、小さな祠《ほこら》はいまにも押し潰《つぶ》されそうな様相だ。幹や枝ぶりは荒れているが樹勢は旺盛。

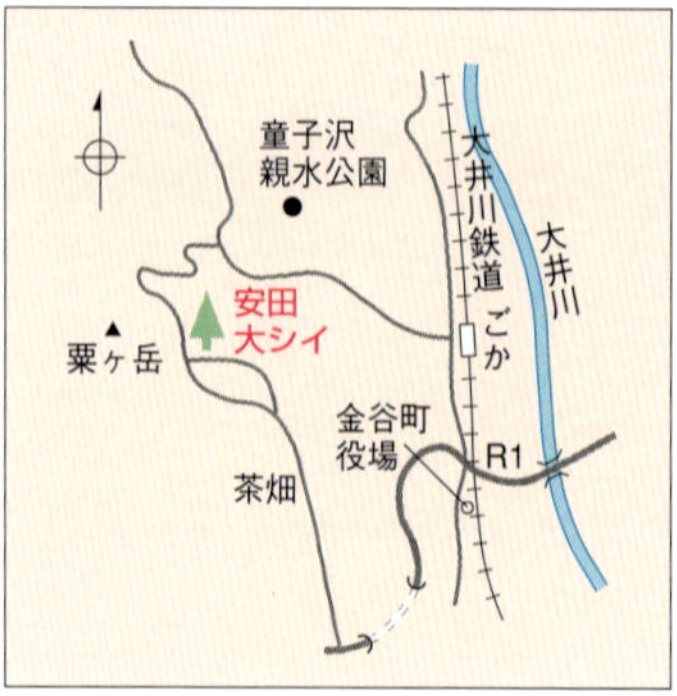

シイというとシイタケの原木を思い浮かべるが、厳密にはシイという特定の植物はなく、ツブラジイとスダジイを総称していう。ブナ科の常緑高木で関東以西の暖地の山地に広く分布する。この樹はスダジイで、県内で

は3番目に多い巨木種でありながら、記念物の指定はこの樹1本だけ。

能満寺のソテツ

所在地

榛原郡吉田町片岡二二五一七一一（能満寺）

・国指定　大正13年12月
・樹種　ソテツ
・樹齢　推定1000年余
・根回　約５ｍ
・樹高　約６ｍ
・交通　東名吉田ICから２㎞

東名吉田ＩＣから南に２㎞ほどの山の上に白亜の城が見える。観光のシンボル「展望台小山城」だ。能満寺《のうまんじ》はこの直下にある。付近一帯は能満寺山公園として整備されている。

広い境内の奥に立派な門を漆《しっ》喰塀《くいべい》が囲み、後ろに本堂が構える。

門を入るとすぐ、本堂の軒に触るような所にソテツはその巨体を見せる。塀の外からも上半分顔をのぞかせ、ただものでないことがうなづけるが、日本三大ソテツの一つに数えられる。5本の大枝に分かれ、最も太いものは周囲が約２ｍあるという。

寺伝によると、平安時代の陰陽学者安倍晴明が中国

から持ち帰り、長徳元年（995年）に植えたという。家康の所望により駿府城に移植されたが、「能満寺に帰りたい」と夜な夜な泣いたので、哀れに思った家康は再び能満寺に移したという伝説がある。

小山城は平山城で遠州進出を企てた武田信玄が築き、その後徳川軍の十余年にわたる攻防の末、天正10年（1582）に遂に落城した。

掉月庵の夫婦マキ

所在地
榛原郡榛原町細江一八〇〇（掉月庵）

・県指定　昭和３１年１月
・樹種　マキ
・樹齢　推定450年
・幹周　4.1m、2.8m
・樹高　11.0m、13.0m
・交通　東名吉田ICから6.5㎞

国道１５０号を榛原総合病院入り口交差点で反対の海側に曲がり、最初の信号を左折した先に案内標示がある。

掉月庵《とうげつあん》の入り口にすぐそれと分かる２本の大きなコブの付いた樹。地元の人は「こぶ槙《まき》」と呼ぶ。天文21年（１５５３）に本寺円成寺五世栄龍師が庵を開く際、その入り口に雌雄２本のマキを自らの手で植えたと伝えられる。

左側の幹の太い方が雌株、右が雄株。雌株は根元から２ｍほどのところに無数のコブがあり、コケが蒸してまるで岩のよう。他方、雄株は４ｍほどのところで大きな膨らみが幹を取り巻き垂たそう。

雌雄２本が並んで同程度に生長していることから夫婦マキといわれる。

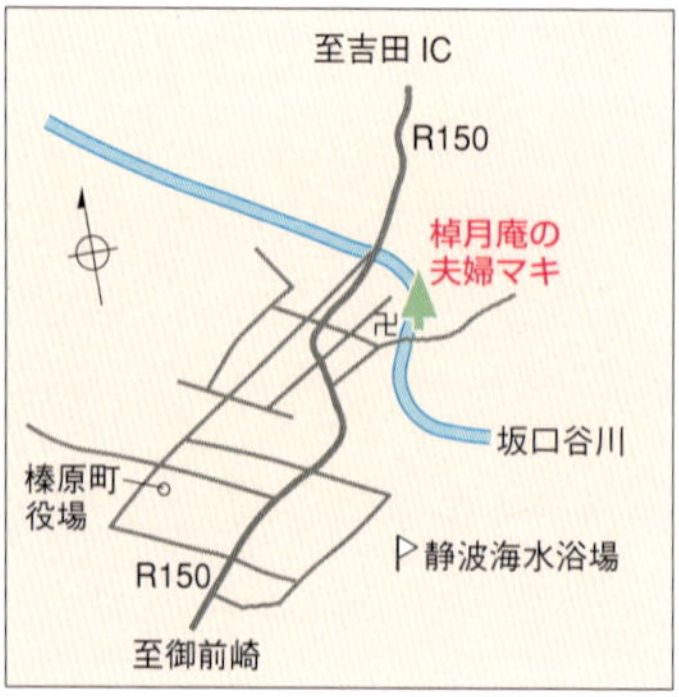

相良の根上り松

所在地

榛原郡相良町相良二六二―三

・県指定　昭和29年1月
・樹種　クロマツ
・樹齢　不詳
・根上り　約3ｍ
・樹高　約15ｍ
・交通　東名相良牧之原ICから約12㎞

国道150号から相良町役場の方向に入り約100ｍの所に三方を民家に囲まれた狭い場所にこの奇妙なマツがある。別名、二階マツともいわれ、いまある樹は2本。

宝永4年（1707）の大津波の時、根元の砂が波にさらわれて根が地上に出たと伝えられている。根元は3ｍ近くも地上からはい上がり、まるで大グモか化け物ダコのようであり不気味に思える。

この付近の海抜は7.2ｍと電柱に標示がある。今でこそ海岸線に防波堤ができ、国道が通り、民家が密集しているが、昔は長い砂浜が

続き、宝永の大津波の大きさが計り知れる。
　クロマツは海岸近くに多く植生し、潮風にも強く、防風・砂防林としても役立っている。根が地上に出てもなお樹勢が衰えない生命力には驚くばかり。
　このマツは自らの力を示すと同時に自然の力の大きさを語る生き証人でもある。

善明院のイスノキ・クロガネモチ合着樹

所在地

榛原郡相良町須々木三四一（善明院）

・県指定　昭和30年4月
・樹種　合着樹
・樹齢　推定550年
・幹周　2.6m
・樹高　6.0m
・交通　東名相良牧之原ICから約14㎞

相良町役場から旧街道沿いに西へ約1.5㎞、細い道を山側に100mほど入った所に善明院《ぜんみょういん》がある。

境内左手に1本の樹がある。康正2年（1456）寺を開いた天庵和尚が植えたと伝えられるこの樹は、種類の違う2本の樹が合着し、一本の大木となった。

離れて見たのでは何かの普通の樹としか映らないが、近くに寄ってよく見ると2本の幹は明らかに異質のものだ。南側に枝を張るのがクロガネモチ。

イスノキは亜熱帯性の植物で沿岸地に多く見られるが、この地域が北限。下田市吉佐美、八幡神社のイスノキが国指定の樹になっていて本書の中でも紹介しているが、県内では珍しい。

一方、クロガネモチは公園や神社に多く、11月ころ実が赤く熟し、冬の間枝に残る。雌雄異株あり、この樹は花は咲くが実はならない。

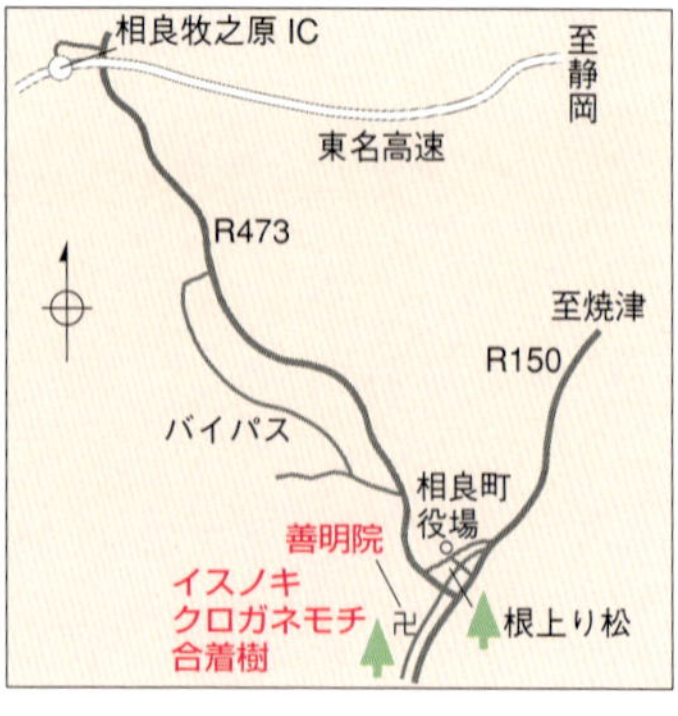

磐田市河原町の甲塚公園にもクロガネモチの巨木があって、記念物に指定されている。

徳山浅間神社の鳥居スギ

所在地

榛原郡中川根町徳山二八九四（浅間神社）

- ・巨樹ランク　60位
- ・県指定　昭和46年8月
- ・樹種　スギ
- ・樹齢　不詳
- ・幹周　8.0m、5.2m
- ・樹高　40.0m、37.0m
- ・交通　大井川鉄道駿河徳山駅から徒歩10分

津島神社から北東へ約4㎞、大井川鉄道・駿河徳山駅からは800mほど、8月15日の盆踊りの鹿ん舞とヒーヤイ踊りで知られる徳山浅間神社。

社殿のすぐ前に2本のスギの巨木が並んで背を競う。スラッと長身でなかなかのスタイリストだ。神社に詣でる人は誰もがこの樹の間を抜ける。

地元では夫婦スギとも呼ぶ。向かって左の樹の方が太く幹周8m余、言うならばこちらが夫。巨樹ランク60位。

徳山盆踊りは、この地に逃れた平家の落人《おちゅうど》が京をしのんで歌舞にしたのが始まりといい、今は五穀豊穣を願った舞として伝えられる。境内中央に仮設舞台ができ、鹿ん舞、ヒーヤイ踊り、狂言の3部作で構成され、国の重要無形民俗文化財に指定されている。夏の夜、神社の森は笛や太鼓の音に包まれ、夜半までにぎわう。

田野口津島神社の五本スギ

所在地
榛原郡中川根町田野口八九三―三（津島神社）

・県指定　昭和46年8月
・樹種　スギ
・樹齢　推定300年
・幹周　6.3m
・樹高　35.0m
・交通　国１島田向谷ICから約34㎞

島田から大井川左岸を北上、大井川鉄道下泉駅の先で橋を渡り、中川根の中心部を抜けると田野口への道路標識に出合う。大鉄・田野口駅の前を通り、５００ｍほどの所が津島神社だ。背後を大井川が蛇行して流れる。

境内にはスギの巨木が林立しているが、五本スギは一本の樹をいう。社殿右奥にひときわ太い御神木のスギが立つ。見上げると地上８ｍほどのところから幹が５本に分かれ、同じような太さでまっすぐ天に向け伸びる。これが五本スギだ。幹の周りをぐるり回りながら見上げるに、ずばり５本見える位置がない。巨木でこのような樹形のものは大変珍しい。

西部地区

顕光寺の鳥居スギ

所在地　掛川市居尻四八二（顕光寺）

・県指定　昭和33年4月
・樹種　スギ
・樹齢　推定1200年
・幹周　7.0m
・樹高　30.0m
・交通　JR掛川駅からバス。掛川バイパス大池ICから約21km

ハイキングを兼ねて行く場合は掛川駅からバスの利用が可能。マイカーで直接行く場合は県道掛川森線で西に迂回し、天浜線原田駅地先から北東へ「大尾山《おびさん》・明ケ島キャンプ場」の道標に従って大尾山を目指す。

ハイキングの場合はバス停から2.7km、約1時間の行程。いずれの場合も山の駐車場を経由、顕光寺までは杉林の参道を10分、さらに5分ほど登ると本堂（奥の院）にたどり着く。

大尾山は標高661mでこの辺りでは一番高い。10数段の石段があり、その上部両わきにスギの巨木が立つ。これが鳥居スギだが右側の樹が変わっている。幹の内部が朽ちて空洞になって、その中を地上13mほどの所から直径10cm位の樹根が地上まで長く伸びている。ここから盛んに養分を吸い上げているに違いない。開山当時植えられたと伝えられ樹齢約1200年。

朱塗りの本堂には本尊の千手観音が祀られている。

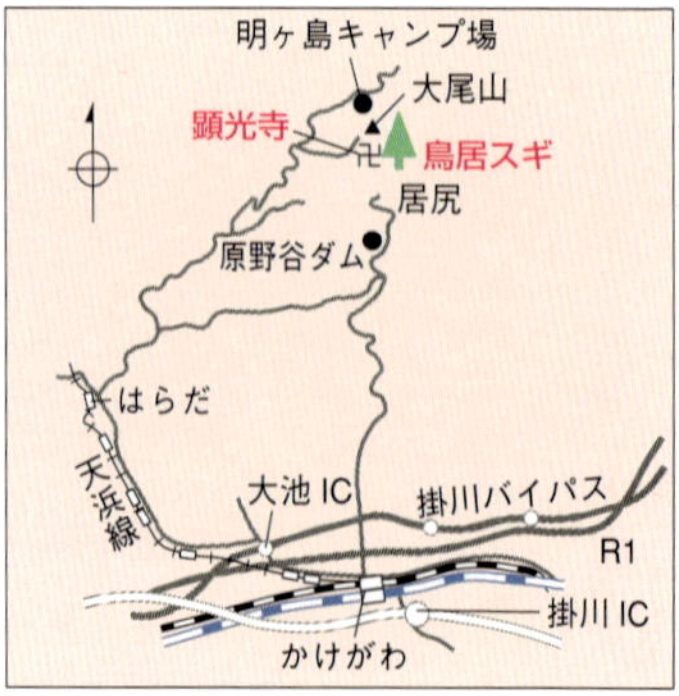

油山寺の御霊スギ

所在地　袋井市村松三（油山寺）

- ・県指定　昭和25年5月
- ・樹種　スギ
- ・樹齢　不詳
- ・幹周　2.8m
- ・樹高　16.4m
- ・交通　国1から北へ約4km

遠州三山の一つ油山寺。目の霊山として有名で、境内には小さな「瑠璃《るり》の滝」がある。この寺には文化財も多く、寺入り口の重厚な山門は元掛川城の大手二の門を移築したもの。

このすぐ右手に傾いた1本の樹がある。高さはあるが太さはそれほどでもない。根元には地蔵が祀られている。これが御霊《みたま》スギだ。樹のはだがさいの目状になっていてマツの樹皮そっくりだ。

伝説によると昔、弘法大師がここを訪れた折、村里の貧しい夫婦の幼な児が大師の祈祷と秘法手当てのおかげで一命が救われた。両親は深く感謝し、真心こめて夫は松、妻は杉の枝をとり一膳の箸《はし》を作り大師さまに捧げた。大師は旅立ちに際し、その箸を境内にさして行かれ、後に不思議にも幹

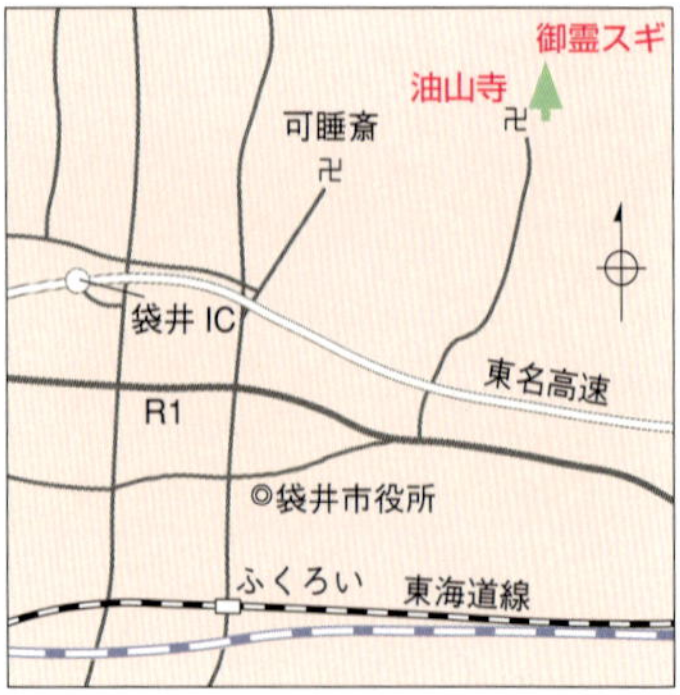

がマツ、枝葉がスギという珍しい霊木になったという。

油山寺山門と御霊スギ

見付天神社のクス

所在地　磐田市見付一一一四—二（矢奈比売神社）

- ・巨樹ランク　19位
- ・樹種　クス
- ・樹齢　不詳
- ・幹周　10.2m
- ・樹高　15.0m
- ・交通　JR磐田駅からバス。東名磐田ICから約2㎞

境内入り口の坂の途中に朱塗りの鳥居があり、このわきに霊犬しっぺい太郎の像がある。この手前、石の鳥居横にこの付近一のクスの樹がある。磐田市内にはクスの巨木が3本あるが、この樹は無指定ながら巨樹ランク19位と光る。

根元近くから3本の太い幹に分かれ、これが幹回りを上げている。樹高はそれほどないが、それでも枝葉は鳥居に覆いかぶさるように広がる。樹は若々しく、これといった傷みもなく元気そのもの。

神社の横を抜けた裏山は2万平方㍍以上あるつつじ公園。4月中旬からのツツジの花はいうまでもなくスイセン、ウメ、サクラ、フジなどの花が時季をかえて咲く。

学問の神様として広く知られ、見付天神裸祭は国の重要無形民俗文化財に指定され、全国に発信する祭りになった。矢奈比売《やなひめ》神社が正式な宮の名前。

見付の名木 楠

須賀神社の大クス

所在地
磐田市西島（須賀神社）

磐田バイパス東側入口手前、太田川に架かる三ケ野橋から袋井側に５００ｍほどの県道の南側に須賀神社がある。

神社は南向きだが、入っていくといきなり大クスに出合う。つまり社殿の裏手に重量感ある巨体を据える。背丈はないが腰回りが並みでない。幹は根元近くから変形三股で広がる。社殿の屋根に低く這うように枝が伸びる。枝張りは25ｍにおよび、夏は大きな緑陰を作ってくれることだろう。

- ・巨樹ランク　26位
- ・市指定　昭和43年11月
- ・樹種　クス
- ・樹齢　推定500年
- ・幹周　9.5ｍ
- ・樹高　15.0ｍ（9ｍ）
- ・交通　東名磐田ICから約6㎞

善導寺の大クス

所在地

磐田市西町六〇〇

　ＪＲ磐田駅真ん前、以前善導寺があった所が今は小さな公園に整備され大クスだけが残った。高度成長時代に道路・鉄道・ビル建設が優先され、多くの樹木が犠牲になった。そんな時代、市民の善意から命拾いした樹木に違いない。大きな傘のように枝葉を存分に広げ、駅前のシンボル的存在だ。

　寺伝によると徳大寺公の墓所の目印に植えたものといわれ、樹齢約７００年。元気がいい。須賀神社の大クス同様、夏は格好の日陰を呈して市民のいこいの場所となる。

・巨樹ランク　58位
・県指定　昭和34年4月
・樹種　クス
・樹齢　推定700年
・幹周　8.2m
・樹高　28.0m
・交通　JR磐田駅前

本勝寺のナギ・マキの門

所在地

小笠郡大東町川久保八（本勝寺）

・県指定　昭和49年4月
・樹齢　推定300年
・幹周　ナギ1.6m、マキ1.7m
・樹高　5.0m、5.0m
・交通　東名掛川ICから約12km

掛川ＩＣから県道掛川大東線を南下、国道１５０号の３kmほど手前で左折東進１km余、菊川支流の下小笠川のたもとに本勝寺がある。花の寺としても知られ、境内には８０００株のアジサイが植栽されている。

この寺の山門が一風変わっている。異なる常緑樹をきれいに刈り込んで幹が柱、枝葉が屋根の役割をしている。右がナギ、左がマキで見事に融合している。

開創は室町時代初期という古刹。約３００年前、当時の住職が「草木一切悉有仏性」（草木のように心を持たないものも、ことごとく仏の慈悲の心を持っている）という釈迦の言葉を具現して、参道に木を植え山門としたと伝

えられる。
境内左手、山の斜面にかけて一面にアジサイが植わり、6月の花の時季は色とりどりの花が庭を飾る。

本勝寺とアジサイ

熊野の長フジ

所在地　磐田郡豊田町池田　三三〇（行興寺）

・国指定　昭和７年７月
・樹種　フジ　　・樹齢　推定850年
・根回　2.9m　　・樹高　2.5m

・県指定　昭和47年９月（5本）
・樹種　フジ　　・樹齢　推定300年
・根回　2.5m　　・樹高　2.5m
・交通　東名磐田ICから約５km

豊田町池田は昔の宿場で賑わった所。すぐ西は天竜川で渡し場があった。

ここに謡曲「熊野《ゆや》」で有名な熊野御前の墓がある行興寺《ぎょうこうじ》がある。長フジで知る人ぞ知る。

ここの境内には国指定のフジ1株と県指定の樹5本が植わる。熊野御前が植えたと伝えられる樹齢850年の老フジをはじめ、いずれも悠久の歳月を重ねた貫録樹。4月下旬から5月上旬、藤棚には1m以上の紫の長い房を垂らし、甘い香りを境内一面に漂わせる。

京に上ったまま、病の老母のもとに帰してもらえぬ御前はある宴の日、清水の舞台で白拍子を舞う〈いかにせん都の春は惜しけれど慣れし東の花や散るらん〉…と。

5月3日が御前の命日。満開のフジはあたかも御前の化身の

熊野御前の墓前に垂れる国指定の長フジ

県指定の長フジ

よう。寺の裏には常設能舞台がある。ここで鑑賞する「熊野」はどんなだろう。

天宮神社のナギ

所在地　周智郡森町天宮　五七六（天宮神社）

- 県指定　昭和29年1月
- 樹種　ナギ
- 樹齢　推定1500年
- 幹周　5.0m
- 樹高　10m
- 交通　天浜線遠州森駅から2㎞。東名袋井ICから約12㎞

遠州森の天宮《あめのみや》神社の創建は古く奈良時代。この時、十二段舞楽を奉納したと伝えられ、脈々と今に伝承される。

遠州森駅の北東、太田川の右岸の山すそに鎮座する。石段を上がり、杉木立の参道を進むと拝殿・本殿に行きつく。徳川綱吉の代に再建されたもので県文化財に指定。左には舞殿があり、毎年4月にここで十二段舞楽が奉納される。

御神木のナギの樹は本殿の右手に立つ。樹齢1500年、鉄製の支柱に介助され主幹は半ば朽ちかけてきているが、若枝の復活で健在だ。

ナギはマキ科の常緑高木で葉が横に切れにくいことで知られる。従って縁が切れないいまじないにしたり、縁結びのおみくじの結び木になったりする。〝弁慶泣かせ〟ともいわれ、力自慢にこの葉1000枚を重ねて切ろうとして失敗したとか。

春野スギ

所在地　周智郡春野町花島二二一（大光寺）

・巨樹ランク　12位
・県指定　昭和19年3月
・樹種　スギ
・樹齢　推定1300年
・幹周　14.0m（11.4m）
・樹高　43.0m（44m）
・交通　県道58号周智トンネルから大時経由約12㎞

春埜山《はるのさん》（833m）は春野町と森町の町界にあって、東海自然歩道が家山・野守の池～金剛院～春埜山～秋葉山へと通じている。

大光寺はこの春埜山のわきにあって、車の場合は袋井・森方向から県道袋井春野線を北上、周智トンネル手前で右折し胡桃平を経由して林道を上がる。

僧行基が開山したと伝えられる大光寺には、開山記念に植えたという樹齢1300年の「春埜杉」が山門下の斜面にその雄姿をみせる。急な石段を下り次第に根元に近づくほどにその威容に驚く。1000年を超える自然との闘いを耐え抜いた幹周り11m余りの巨体はまさに王者の風格。巨樹ランク12位。スギの仲間では県内1、2を争う。

本堂前の両わきには精悍な面構えの山犬の石像がご本尊を見守るかのように座る。山犬信仰の象徴だ。

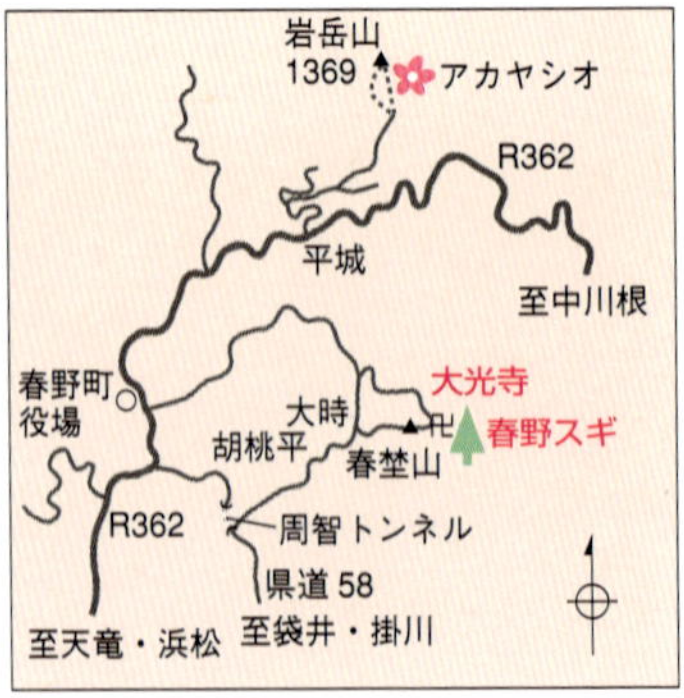

京丸のアカヤシオ

所在地　周智郡春野町岩岳山

・国指定　昭和49年11月
・樹種　アカヤシオ（群落）
・交通　国道362号杉地区平城から約9㎞。岩岳山登山往復約5時間

京丸牡丹伝説で知られる京丸の里に近い岩岳山（1369m）。この周辺にはアカヤシオ、シロヤシオが原生林の中に部分的に純林をなし、群生地として学術上貴重で国の天然記念物の指定を受けた。

岩岳山山頂付近の岩場には約2000株のアカヤシオが群生し、4月下旬から5月上旬に淡いピンクの大型の美しい花を枝先に咲かせ山を染める。なぜか多くの花は人を寄せ付けぬ険しい岩の上や絶壁に咲き、伝説の結ばれなかった村の長の娘と若い旅人の悲恋が甦る。

アカヤシオは関東、中部、近畿、九州の一部に分布するツツジの一種。落葉高木で高さ5mにもな

り、葉が出る前に花をつける。
一方、シロヤシオは本州、四国に分布、ここでは岩岳山北部から高塚山、竜馬岳辺りに大木が多い。花は5月中旬から下旬に若葉とともに見ることになる。
国道362号杉地区の平城で杉川の橋を渡り小俣に向かう。林道をさかのぼり終点が駐車場。岩岳山登山往復5時間。

雲立のクス

所在地　浜松市八幡二（浜松八幡宮）

・巨樹ランク　6位
・県指定　昭和14年12月
・樹種　クス
・樹齢　不詳
・幹周　13.1ｍ（13.0ｍ）
・樹高　15.2ｍ（15ｍ）
・交通　JR浜松駅から1.5㎞

浜松駅前、アクトタワー周辺は都市再開発工事が急ピッチだ。

この北側に浜松八幡宮が鎮座する。広い境内はマツや照葉樹に覆われ緑いっぱい。

正面本殿右手に幹回り13ｍという巨大なクスが立ちはだかる。幹の根元には大きな洞があり、1.5ｍほどのところから支幹が複数に分かれ枝葉を四方に広げる。一昨年の樹勢回復養生が実をあげたに違いない。古木の部分の衰えは仕方ないが、新生部はすこぶる旺盛。

「雲立《くもだち》のクス」の名は元亀3年（1572）に徳川家康が三方原合戦に敗れ、武田軍に追われてこのクスの樹の洞穴に潜み、その時、瑞雲《ずいうん》が立ち上がったとの故事による。

また平安の昔、八幡太郎義家が奥州征伐に行く途中、この樹に旗を立てて武運を祈ったという言い伝えも残る。

北浜の大カヤノキ

所在地
浜北市本沢合五二四

- ・国指定　昭和29年3月
- ・樹種　カヤ
- ・樹齢　推定600年
- ・幹周　6.8m
- ・樹高　24.5m
- ・交通　東名浜松ICから約8km

東名浜松ＩＣから県道を北へ約８km、浜北市の本沢合地区（遠州鉄道えんしゅうこばやし駅の北東数百（メートル）の民家の前にこの樹は1本だけ力強く立ち尽くす。

県内に指定を受けたカヤは8本あるが断トツだ。早くから国の指定を受けている。しかし、残念ながら巨樹ベスト一〇〇入りはできない。樹の性質上、巨大化に適したものとそうでないものがある。ちなみに、県内の巨樹を樹種でみると①クス②スギ③スダジイ④ケヤキ⑤イチョウの順となっている。

カヤはイチイ科の常緑樹で雌雄異株。この樹は雌木。幹は直立し、よく分枝する。葉の先端は鋭く針状。昔は実を食用や薬用に利用したというが最近は聞かない。日本固有の

木で、巨木から
は上等の碁盤が
できるとか。

将軍スギ

所在地

天竜市横川字沖ノ島（武速神社）

- 巨樹ランク　18位
- 県指定　昭和11年10月
- 樹種　スギ
- 樹齢　推定1000年以上
- 幹周　10.6m（10.4m）
- 樹高　39.0m（39m）
- 交通　天竜市街から約11km

天竜市街地から国道362号に沿って8kmほどの只木で、県道藤枝天竜線に入り3kmほどの三差路でこの樹に出合う。武速《たけはや》神社の社のすぐ裏にあたる道沿いだ。

延暦16年（797）、征夷大将軍坂上田村麻呂が武速神社で蝦夷との戦いに臨み勝利を祈った。その際に食事をとり、箸《はし》を地にさしておいたという。それが根付き、大木となり人呼んで「将軍スギ」というようになった。

樹は見事な樹形を保ち樹高40m余り、力強く立ち尽くす。巨樹ランク18位。

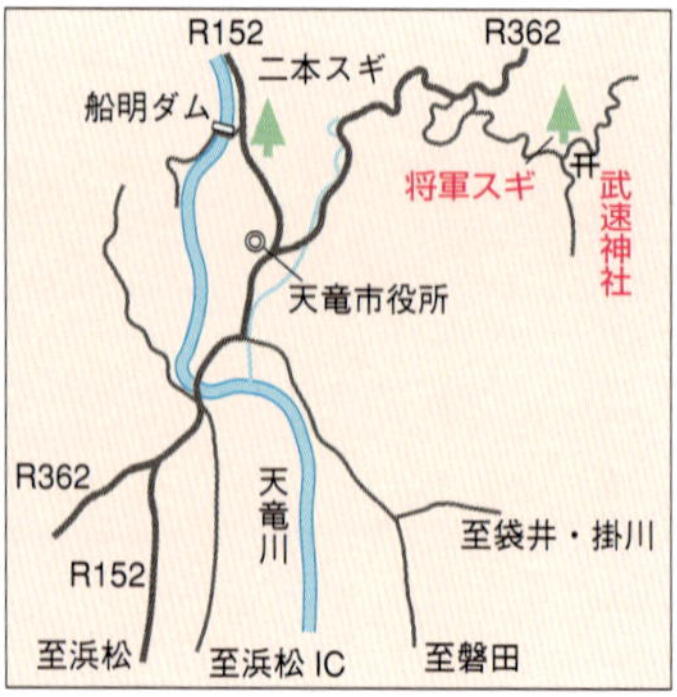

天然記念物

船明の二本スギ

所在地

天竜市船明

・巨樹ランク　44位
・市指定　昭和62年9月
・樹種　スギ
・樹齢　不詳
・幹周　北4.6m、南5.0m（8.7m）
・樹高　29.0m、32.5m（33m）

天竜川の船明ダムのすぐわきを通る国道152号沿いに立つ2本の高いスギ。天竜市街地から佐久間・水窪方向に車で走ると誰もが目にする。

船明ダム建設以前は諏訪神社参道入り口の御神木だったという。ダムサイトは市民運動広場になっているが、この一角に諏訪神社があるが水難除けの神木として村人に大切にされてきたに違いない。

市指定の記念樹木で、南側の方がやや大きい。巨樹ランクでは南側の幹が二股に分かれているため幹回りが上がり8.7ｍで44位。

道路沿いで車公害にさらされ心配されるが樹はいたって元気、2本は競い合うように緑の枝葉を張っている。水分だけはダムに近いこともあって十分補給されているに違いない。

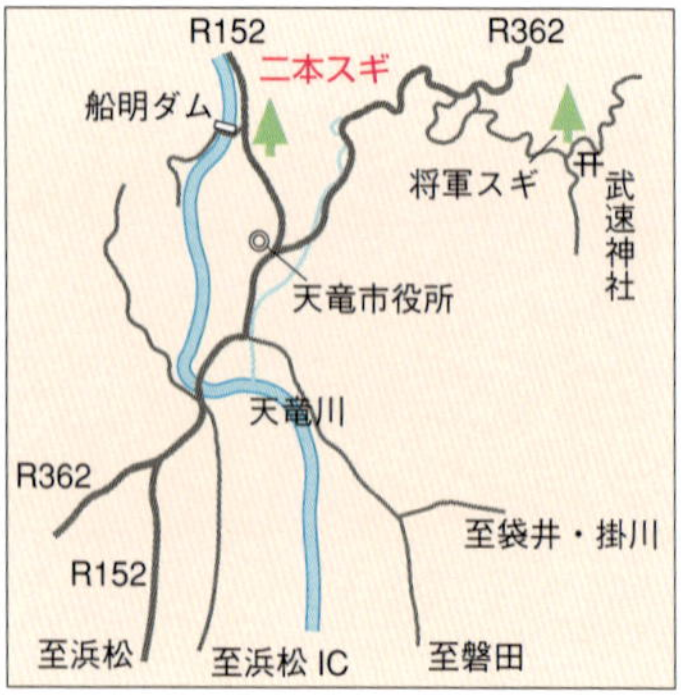

山住神社のスギ

所在地
磐田郡水窪町山住 二三〇(山住神社)

・巨樹ランク　36位
・県指定　昭和46年8月
・樹種　スギ
・樹齢　推定1300年
・幹周　9.2m、7.0m
・樹高　41.0m、40.0m
・交通　JR飯田線向市場駅から約11㎞

浜松・天竜方面から国道152号を北上、JR飯田線向市場駅横から県道水窪森線で峠を目指す。山住峠は1100m、峠からは北遠の山並みが近く遠くに見え、稜線を越える風が心地よい。ここへはスーパー林道を秋葉山経由で尾根伝いに来ることもできる。

峠のすぐわきに周囲を杉木立に覆われた山住神社が鎮座。境内中ほどにひときわ高く雄大な2本のスギが目にとまる。1300年余の年輪を重ねる神社のシンボルだ。樹齢は伊勢湾台風で倒木した年輪から確認されたという。

付近にいまなお良質のスギが多いのは、元禄時代(1690年代)に幕府御用材の乱伐を憂い、山住家23代大膳亮茂公が3万本の苗木を伊勢から取り寄せ植林、その後も生涯48年間に36万本のスギ、ヒノキの拡大造林を進め「山住杉」の名声を残すとともに今日の天竜林業振興の礎を築いた先達がいたからに外ならない。

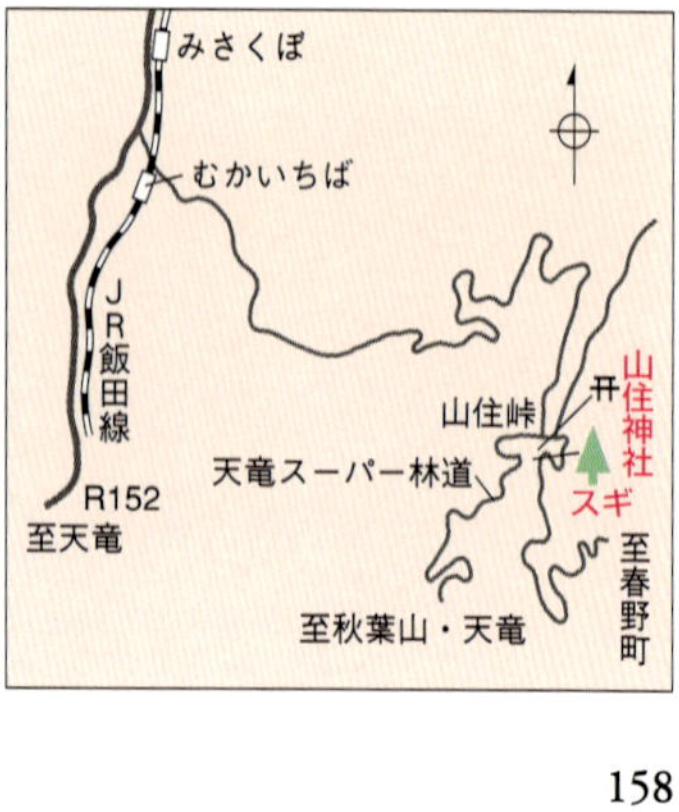

山住神社

文・写真　鈴木　晃

静岡県の巨樹・名木

2001年4月7日　初版発行

編　者　静岡新聞社
発行者　松井　　純
発行所　静岡新聞社
〒422-8033　静岡市登呂3-1-1
TEL. 054-284-1666
FAX. 054-284-8924

印刷・製本　柳澤印刷株式会社

ISBN4-7838-0536-9　C0045